RAPPORT

AU PUBLIC,

DE QUELQUES ABUS

Auxquels le Magnétisme animal a donné lieu.

Par M. F. L. Thomas d'Onglée, D. de la Faculté de Médecine.

Opinionum commenta delet dies ; Naturæ judicia confirmat. CICERO.

A PARIS,

Chez la Veuve Herissant, rue neuve N. D. à la Croix d'or ;

Et chez les Marchands de Nouveautés.

M. DCC. LXXXV.

CE Rapport devoit paroître il y a trois mois. Le feu qui a pris, le 12 Avril, dans la maison que j'occupe, m'a mis dans le cas d'en recommencer une très-grande partie : le courage a suppléé au trouble & à l'embarras d'un si cruel événement.

Je profite de l'occasion pour remercier MM. les Officiers des Gardes-Françoises de leur attention continuelle à veiller eux-mêmes à tout ce qui se passoit tant au-dehors qu'au-dedans. Ils voudront bien m'excuser si je ne l'ai pas fait plutôt ; mais on ne fait pas tout ce qu'on veut. Je les supplie de recevoir les sentimens de la respectueuse reconnoissance dont je suis pénétré envers des Hommes si honnêtes, si généreux & si utiles à leurs Concitoyens.

RAPPORT

AU PUBLIC

DE QUELQUES ABUS

*Auxquels le Magnétisme animal
a donné lieu.*

LA Faculté de Médecine de Paris a tenu
plusieurs assemblées avant, & après le Rapport de MM. les Commissaires nommés par
le Roi, & demandés par M. Deslon, pour
donner leurs avis sur le Magnétisme animal.
Quelques-uns de ses Membres, les uns,
persuadés de l'opinion des Commissaires,

leurs confreres ; les autres , inquiets par curiofité , ou impatiens , felon le flux & reflux , avoient imaginé prononcer d'avance fur la conduite de ceux qui fe feroient fait initier chez MM. *Mefmer & Deflon.* Je me rendis à la premiere convocation de ce genre ; les billets étoient conçus en ces termes : *Convocentur , &c..... de irregular plurium Doctorum agendi ratione , qui Magnetifmum animalem , ut aiunt , practitant deliberaturi ;* Pour délibérer fur la conduite irréguliere de plufieurs Docteurs , qui pratiquent ce qu'ils appellent le Magnétifme animal. Je me trouvai le feptieme opinant. Je voulus expliquer les raifons qui m'avoient déterminé à aller chez M. Deflon , & m'appuyer de l'autorité d'un Auteur moderne , qui , dans une differtation fur les efprits animaux , avoit parlé du Magnétifme. Auffi-tôt un Docteur , connu par fes talens chimiques , mais dont les efprits ne font pas toujours au parfait degré de faturation , éleva la voix , en affurant que cela n'étoit pas bien exact. Je ne veux pas croire qu'il fe foit exprimé moins décemment ; je confeffe ,

(3)

malgré le refpeċt dû à la Faculté, que je
ne pus m'empêcher de lui répondre ainfi :
» Si Monfieur fait lire, je le prie de par-
» courir la differtation de, &c. . . . . . .
Je demande pardon d'un détail auffi mi-
nutieux ; mais il eft effentiel de ne rien
omettre. L'habitude d'interrompre, tolé-
rée fi fouvent dans les Affemblées , &
toujours impunie, me fit prendre le parti
de ne pas en dire davantage : je me ref-
treignis à fuivre l'avis fage de M. le Clerc ;
& je conclus que la Faculté ne pouvoit
délibérer fur cet article, avant le Rapport,
&c.

Un des Commiffaires parla peu de temps
après, & remontra qu'il falloit leur donner
le temps de faire leurs obfervations, &
prouva qu'il n'y avoit pas lieu à delibé-
rer (1). Hé bien, cet avis ne paffa qu'à la
pluralité de quelques fuffrages fur 50 à 60
voix.

---

(1) On peut conjeċturer, d'après les obfervations de ce
Médecin très-honnête & très-fenfé, que les Commiffaires
de la Faculté ont été harcelés par plufieurs confreres, pour
porter un jugement le plus promptement poffible.

Le Rapport fait & publié, on preffe les Affemblées, avec les mêmes billets de convocation. On dénonce trente Docteurs magnétifans ; on donne un *veniat* à chacun en particulier. Ils arrivent prefque tous, & font relégués dans une falle féparée de l'Affemblée. Chacun attendoit avec impatience l'appel général, & fe promenoit en long & en large avec fa façon de penfer & d'agir. On m'apprend qu'il eft queftion de nous faire figner une efpece de Formulaire. Nous verrons ce qu'il contient, dis-je alors ; & nous fignerons ou nous ne fignerons pas.

L'Appariteur paroît enfin, & m'appelle, comme le plus ancien ; j'avois cet honneur-là. J'entre, fort furpris de n'être fuivi d'aucun de mes compagnons. On me fait affeoir ; & M. le Doyen commence par me demander fi j'ai donné de l'argent pour me faire inftruire du Magnétifme. Surpris encore plus de cette queftion, je répondis par refpect, que M. Deflon ne prenoit point d'argent ; qu'il ne recevoit que des Médecins pour obferver & l'aider ; qu'il

étoit, on ne peut pas plus honnête, modefte
& complaifant ; & que d'ailleurs la Faculté
ne l'ignoroit pas.

Je ne fatiguerai point le Lecteur par le
détail des autres queftions. Je fus interrogé
en criminel, & je me croyois transféré en
la Chambre de la Tournelle. On finit enfin
par me préfenter un arrêté de la Compagnie, & une formule, auxquels je ne crus
pas devoir m'affujettir. Je ne voulus point
figner, & répétai à la Faculté, pour lui
prouver mon zele & ma foumiffion, que
je n'avois pas encore trouvé dans cette
méthode un degré d'utilité fuffifant pour
leur en rendre compte ; que j'y avois obfervé quelques effets, pouvant être attribués à l'action de la chaleur d'un homme
fain fur un infirme ou malade (effets qui
demandoient la plus grande attention, &
plus d'expérience) ; qu'il falloit, pour ma-
gnétifer les malades dans leur lit, non-
feulement beaucoup de courage, mais auffi
beaucoup de fanté, de force & de patience ;
que je n'avois pas deffein d'avoir un baquet
chez moi ; & que je leur promettois

de ne point pratiquer moi-même cette méthode chez mes malades, &c. Je fortis; un autre me fuccéda, &c. ...

Il y eut encore deux Affemblées, néceffaires pour former un décret. J'y fûs convoqué comme la premiere fois, avec un *veniat* particulier du Doyen. N'ayant rien à ajouter ni à retrancher à ce que j'avois déja dit, j'écrivis cette Lettre oftenfible.

Ce 18 Septembre 1784.

MONSIEUR LE DOYEN,

Il ne m'eft pas poffible de me rendre à la convocation de la Faculté, pour confirmer un décret rendu contre ceux qui pratiquent, dit-on, le Magnétifme animal. J'ai cherché à m'inftruire de cette méthode, quand j'ai appris que le Miniftre avoit nommé des Commiffaires pour en rendre compte; & j'ai continué pendant environ trois mois, comme obfervateur défintéreffé, pour en connoître les effets, chez M. Deflon, comme j'aurois fait dans un Hôpital, pour l'épreuve d'un remede nouveau ou inconnu. Ne pratiquant point le Magnétifme animal , je ne fuis point dans le cas d'être compris dans ce décret. J'ai rendu compte à la Faculté de ma façon de penfer fur cette pratique, par refpeét & par attache-ment pour mon Corps. Fidele à ma parole, fuivi dans mes idées réfléchies , ftable dans mes devoirs , je ne me fuis jamais expofé à aucun reproche. Devois-je m'attendre à fubir un interrogatoire auffi *ind.fcret qu'ir-régulier ?*

Je n'ai rien à ajouter à ce que j'ai dit dans la derniere Affemblée ; & je vous prie, MONSIEUR LE DOYEN , de perfuader à la Faculté , ou du moins à quelques - uns de fes Membres , que ma conduite n'a jamais été irréguliere.

Je fuis très-fenfible à l'intérêt que vous voulez bien prendre à ce qui me regarde ; & j'efpere que vous me permettrez d'aller vous en marquer má reconnoiffance.

Je fuis, avec refpeét, MONSIEUR LE DOYEN, votre très-humble & très-obéiffant ferviteur, D'ONGLÉE.

A iv

Troisieme Assemblée, même convocation, même *veniat*, & même réponse.

Je dois communiquer ici la formule qu'on me présenta à signer : « Aucun Docteur » ne se déclarera partisan du Magnétisme » animal, ni par ses écrits, ni par sa pratique, *sous peine d'être rayé du Tableau* » *des Docteurs-Régens* ».

Le despotisme le plus absolu de l'opinion peut-il être mieux caractérisé ? le fanatisme de l'imagination peut-il être plus clairement dévoilé ? Tremblez, Médecins & Physiciens qui cherchez à vous instruire ! Vous osiez autrefois, parmi les erreurs, ou par des expériences incertaines, chercher les traces de la vérité ; voulez-vous aujourd'hui épier les secrets de la Nature ? servez-vous des lunettes de nos fameux Méchaniciens ; elles sont un peu troubles, même obscures ; cela ne fait rien ; on ne veut pas vous en permettre d'autres. Votre façon de penser sera désormais subordonnée à la volonté de nos savans Inquisiteurs, & à la routine des Ecoles ; & si vous vous avisez de porter des regards trop curieux sur les rayons de

la lumiere , & de réfléchir ſur les ſenſations de la chaleur ; l'*autodafé* eſt bientôt
prononcé ; les mêmes rayons , dirigés &
réfléchis par des miroirs ardens , s'ils ne
peuvent vous aveugler , produiront au moins
votre *radiation*.

La radiation eſt une punition déshonorante pour celui qui la mérite ; auſſi a-t-on
le droit de réclamer la juſtice des Magiſ-
trats , & l'eſpoir de l'obtenir , quand on
n'a manqué ni aux loix , ni à la décence ,
ni à la délicateſſe de ſa profeſſion.

Je ne ſuis point rayé ; je ſuis ſimplement
dérégenté , c'eſt-à-dire , privé des émolumens & des honneurs de la Régence.
Quant aux émolumens , mes Confreres
ſavent très-bien que jamais l'intérêt ne m'a
conduit à la Faculté , ni même auprès des
malades. Quant aux honneurs , je ſens ,
comme je le dois , la privation des droits
honorifiques , tels qu'ils ſoient : peu touché
néanmoins de la privation du droit de
Profeſſeur ; je ne l'ai jamais été qu'une fois ;
& j'ai connu par moi - même la difficulté
d'une beſogne bien faite. Il faut avoir les

talens néceffaires & particuliers ; ou au moins des talens plus exercés. On ne manque point d'excellens fujets & très-inftruits ; mais, tant que le Gouvernement ne rendra pas les Profeffeurs perpétuels, aucun d'eux ne fera de grands efforts ; fur-tout, quand ils mefureront le peu de temps qu'ils ont pour fe difpofer, & pour donner foixante à foixante-dix leçons dans l'efpace de huit mois, au bout defquels ceffent leurs fonctions.

J'ai été vraiment fenfible à la privation d'être convoqué aux Affemblées, & de l'honneur de m'y trouver avec des Confreres que j'eftime & honore. J'ai cependant une confolation, quand je penfe que douze à quinze têtes conduifent la Faculté ; que les jeunes gens, par un zele inconfidéré (qu'on a grand foin d'entretenir), & qu'ils confondent avec l'efprit de Corps, adoptent les avis de ces Meffieurs, & les difcutent affez fouvent avec enthoufiafme : encore, fur un tiers ou moitié au plus de la Faculté, qui compofe ordinairement les grandes Affemblées, il n'y a prefque jamais de confentement unanime. Auffi a-t-on eu l'attention de ne pas omettre dans le dé‑ cret fait contre moi un *longè majori fuffra‑ giorum numero* (1). Il en eft donc quelques‑ uns dont l'opinion ne fe regle pas fur la multitude, & n'eft point ébranlée par les cris & le tumulte. Ils auront cherché à ramener les efprits, & à y rétablir l'équi‑ libre & l'harmonie, & par la douceur, & par de bonnes raifons ; foibles fecours contre des maux fi opiniâtres. Je leur fais le plus grand gré de leur courage, & je leur fais les mêmes remercîmens que s'ils euffent réuffi.

J'attendois tranquillement le moment de calme où mes Confreres répareroient leur injuftice vis-à-vis de moi ; & je me croyois en droit de l'efpérer, lorfqu'un ami vint me demander, dans le courant de Janvier dernier, le décret en original lancé contre moi. Je ne crus point devoir le refufer. Il

______

(1) On m'a affuré que cette derniere Affemblée étoit compofée, au plus, de trente Docteurs, & que plufieurs s'étoient retirés.

ne m'a été rendu que vers le milieu de Mars, foit par oubli, foit par négligence de part & d'autre. En un mot, on me fit obferver, qu'outre le prononcé d'un *oftracifme condiiionnel*, il s'y trouvoit une efpece d'injonction d'être plus circonfpect, d'être plus zélé, plus refpectueux & plus foumis à la Faculté. J'avois jeté les yeux, il eft vrai, fur le décret fignifié, fans avoir trop examiné les expreffions, & je l'avois enfermé dans un fecrétaire avec foumiffion, ainfi que dans la plupart des pays méridionaux on reçoit & on renferme les Bulles de Rome.

Ou cette expreffion eft de ftyle, ou elle a été ajoutée. Quoi qu'il en foit, cette imputation fembleroit donner au moins quelque degré de vraifemblance aux motifs du décret : quelques gens pourroient bien fe perfuader que j'aurois manqué à la Faculté. Trop de prudence alors feroit hors de faifon, & dégénéreroit en lâcheté ; je dois à mes concitoyens le détail de la conduite que j'ai tenue depuis la fin d'Avril 1784, jufqu'au Rapport des Commiffaires, &c.

Je pris la plume fur-le-champ, & me déterminai à recueillir toutes mes idées, & à
publier mes faits & geftes.

Ainfi, je vais expofer les circonftances
& les raifons qui m'ont conduit chez
M. *Deflon*. Je démontrerai la foibleffe des
motifs du jugement rendu contre moi, &
l'injuftice des Membres qui ont foulevé la
Faculté dans cette occafion. Ce n'eft point
directement contre mon Corps que j'éleve
la voix, mais contre ces têtes *électrifées en
trop*, qui finiront un jour par détruire un
Corps refpectable, & peut-être le plus favant. Je pafferai enfuite en revue quelques
ouvrages anti-magnétiques, peu capables de
détourner le Médecin & le Phyficien de fes
obfervations fur le fluide animal.

Je me flate de trouver aujourd'hui les
efprits plus raffis, & moins prévenus pour
ou contre le rapport que je fais d'une matiere tant de fois reffaffée.

C'eft votre juftice que je réclame, ô
Public refpectable ! Je fuis bien loin de
vouloir ni vous féduire ni vous tromper.
Ayez la patience de me lire.

On me force de juftifier une conduite taxée d'irrégularité. Ma délicateffe & celle de ma profeffion exigent que j'en rende le compte le plus exact. Ceux dont je fuis connu me rendent juftice, & même plufieurs de mes Confreres. Il en eft peut-être quelques-uns qui me la rendent intérieurement ; mais, je ne fais par quel motif, ou du moins je veux l'ignorer, ils feignent de ne pas me connoître affez pour s'expliquer ouvertement. Sont-ils fâchés de me donner une petite mortification ? On feroit bien fondé à croire que non ; & bien des gens me l'ont perfuadé. L'occafion ne s'étoit pas encore préfentée ; ils fe font empreffés de la faifir ; & l'ombre d'une faute devint bientôt une réalité (1). Ils crient contre l'imagination exaltée, fans favoir s'en garantir : la mienne ne s'eft jamais montrée telle que pour le bien général. Je n'ai jamais été entraîné dans mes démarches, ni par l'intérêt, ni par la prévention ; &

---

(1) Il faut convenir qu'il eft plus aifé de faifir une ombre que des corpufcules imperceptibles.

je me reprocherois de n'avoir pas toujours cherché les occafions de m'inftruire dans mon état, pour contribuer à l'utilité publi-que de tous mes talens & de toutes mes forces.

M. Mefmer eft à Paris depuis fix ans entiers à annoncer une doctrine, à magné-tifer, & à faire, difoit-on, des miracles : les fenfations qu'il opéroit chez lui fe font étendues dans toutes les fociétés, à la Cour même, & peu à peu dans toutes les Provinces du Royaume. Des Médecins alloient chez lui, dès 1778 & 1779, fans aucune commiffion du moins connue. J'ima-ginois qu'ils rendroient compte à la Faculté affemblée de ce qu'ils auroient vu, & qu'elle en prendroit connoiffance : elle eft reftée dans l'inaction pendant quatre à cinq ans. A Dieu ne plaife de lui en faire aucun reproche ! Je fuis un de fes Membres ; fes Membres font autant d'enfans ; une Mere ne peut ni ne doit avoir tort.

En effet, fi l'on s'eft élevé contre cette indolence, la Faculté avoit de bonnes rai-fons pour attendre avec tranquillité ; je les

ignorois en partie, lorsqu'il parut une brochure en 1781, intitulée, *Lettre d'un Médecin de Paris à un Médecin de Londres.*
Selon l'auteur, *le Magnétisme n'est pas
possible : fût-il possible, il n'existe point ; &
lors même qu'il existeroit, on ne pourroit
l'admettre sans imprudence & sans danger.*
Il y rappelle les propositions faites à
M. Mesmer par un grand Ministre (il a eu
tort de ne pas les accepter alors), & celles
que cet homme fameux fit à la Faculté de
Médecine, en forme de défi ; forme qu'il
n'étoit pas possible d'admettre avec une
certaine confiance, & qui parut insuffisante
pour asseoir un jugement sûr & incontes-
table. J'ai été fâché, en lisant cet ouvrage,
d'y trouver un mélange d'esprit, d'érudition & d'inconséquences, de raisonnemens
justes, & de sophismes qu'on pourroit aisé-
ment rétorquer, si l'on vouloit s'en donner
la peine. Tous les Philosophes ont regardé
*la Médecine comme une institution qui ap-
partient autant à la Politique qu'à la Nature ;
comme une institution qui n'intéresse pas moins
l'homme considéré comme un être physique,*
qu'il

*qu'il faut conserver , que comme un être
moral qu'il faut conduire.* Mais il ne s'enfuit
pas qu'il soit dangereux pour l'Etat & pour
la Société de trouver un moyen de forti-
fier les constitutions d'êtres d'une complexion foible, ou infirmes par accident. Mais
il ne s'enfuit pas qu'un Médecin péche-
roit contre les institutions civiles, d'employer un remede préservatif, si l'expérience
le lui faisoit connoître. La Médecine pro-
phylactique seroit plus utile & plus agréable
que la clinique ; & le Public & les Médecins y gagneroient beaucoup. Mais, pour
conserver *cet être physique*, & conduire *cet
être moral*, n'étoit-il pas convenable, selon
la Politique & la Nature, de chercher au
plutôt tous les moyens possibles pour le
délivrer de toute incertitude sur un objet
si précieux, celui qui intéresse sa santé ?
Mais enfin, n'étoit-il pas essentiel de
demander au Ministre des Commissaires
pour examiner les effets d'un agent déja
si renommé, sans s'occuper de la doctrine ?

B

La Faculté eût-elle infifté fur fa demande, & en eût-elle démontré la néceffité urgente ; le Miniftre auroit fini par fe rendre, j'en fuis très-perfuadé ; & le jugement fur cette méthode nouvelle eût été prononcé il y a trois ans.

Aujourd'hui, comme dans tous les fiecles, la confiance a confacré à l'habitude & au temps : les obftacles, les contradictions ne fervent qu'à l'affermir. Les idées, tracées d'abord par l'imagination, foutenues enfuite par quelques fuccès, même éphémeres, fe gravent peu à peu fi profondément, qu'elles font très-difficiles à effacer, & fe perpétuent le plus fouvent, ainfi que les abus : *Et tunc nimis ferò Medicinâ paratur.*

Il n'étoit pas indifférent de rappeler ici les affertions de cet Auteur, puifqu'elles femblent être la bafe de l'opinion prématurée de la Faculté, & celle du Rapport des Commiffaires nommés par le Roi trois ans après ; puifque ce même Auteur admet la Médecine d'imagination. Il nous a promis dans une note, *un Ouvrage abfolument neuf*, dans lequel il *prouvera ÉVIDEMMENT* qu'on peut employer *l'imagination comme acide ou alkali*, fuivant les circonftances..... Il a déja eu de très-bons fuccès avec *l'eau de poulet*, *ou eau minérale*, *dans les paralyfies opiniâtres*, *ou maladies nerveufes*. Ainfi, fur fa parole, les Médecins peuvent mettre en ufage ce qui peut flater l'imagination des malades. Ainfi, les geftes, les mines, la mufique, &c. peuvent être employés felon les circonftances, & doivent opérer de très-bons effets, confirmés par l'expérience. En voilà affez pour juger de cette dialectique. Je reviens aux motifs qui m'ont déterminé particuliérement à l'examen de l'agent dit *Magnétifme animal*.

Je n'ai jamais vu M. Mefmer : on m'avoit propofé plufieurs fois de me conduire chez lui comme fpectateur, j'ai toujours réfifté à cette curiofité. L'enthoufiafme ne m'effraie ni ne me féduit. Qui de nous n'eft pas en garde contre les réputations fubites, furtout celle d'un Etranger? Mais ici, ce n'eft point un *prophete* en vingt-quatre heures, qui fort de la terre, ou defcend du ciel ; c'eft un Docteur Allemand, dont la pratique eft fuivie depuis plufieurs années à Paris, & célébrée, & par des Médecins, & par des gens de beaucoup de mérite. Ayant appris que M. Deflon recevoit avec plaifir fes Confreres, & ne recevoit que des Médecins, & fur-tout, qu'il avoit demandé des Commiffaires, je pris alors le parti de me préfenter. Je fus admis au commencement de Mai 1784, & j'ai continué d'y aller pendant trois ou quatre mois (1), & n'ai ceffé d'y paroître qu'après la publication du Rapport, par bienféance & par délicateffe, & n'y ai point retourné jufqu'à préfent.

MM. les Commiffaires, que j'avois à peine apperçus au traitement, s'étant bientôt retirés pour faire des obfervations par-

____

(1) M. Deflon engageoit les initiés à venir obferver avec affiduité le traitement pendant trois à quatre mois, & chacun fe prêtoit à cet engagement raifonnable, autant qu'il le pouvoit.

ticulieres, par des raifons plus fpécieufes
que folides, je n'ai pu profiter de·leurs
expériences ni de leurs lumieres. Il m'a
donc fallu faire mes obfervations fans leur
fecours ; & j'ai vu chez M. *Deflon* ce qu'ils
ont voulu voir chez M. *Francklin* ; & j'y
ai reconnu ce qu'ils n'ont pas voulu reconnoître.

Parmi tous les ouvrages qui traitent du
Magnétifme, ou du moins qui fe fervent
du mot de *Magnétifme*, j'avois diftingué
une Differtation de M. Lieutaud, dont il
eft parlé ci-deffus. Comme il étoit effentiel
de prouver ce que j'avois avancé dans une
Affemblée, j'en fis promptement un extrait,
& l'envoyai aux Journaliftes de Paris, en
forme de Lettre. Le Comité, après la lecture de ma Lettre, me fit dire que la matiere *dont il étoit queftion étoit trop férieufe
pour l'encâdrer dans leur Feuille.* Un de ces
Meffieurs me la rendit, en me faifant des
complimens : j'entendis ce que cela vouloit
dire, & n'infiftai pas davantage. Je vais la
remettre fous les yeux de mes Juges.

B iij

LETTRE

A MM. les Auteurs du Journal de Paris.

Du 5 Juillet 1784.

MESSIEURS,

ON a paru douter qu'un Auteur moderne eût reconnu l'exiſtence du Magnétiſme : les Médecins mécréans, s'il en pouvoit exiſter, auroient bientôt ceſſé de l'être, en recherchant dans les Eſſais Anatomiques de feu M. Lieutaud, premier Médecin de Sa Majeſté LOUIS XVI, de l'Académie des Sciences, &c., & Agrégé à la Faculté de Médecine de Paris, imprimés en 1742, ſa Diſſertation ſur la nature & les uſages de l'eſprit animal. L'extrait le plus ſuccinct ſuffira pour en convaincre le Public, & ne pas l'ennuyer.

> Segniùs irritant animos demiſſa per aurem,
> Quàm quæ ſunt oculis ſubjecta fidelibus.....

M. Lieutaud, célebre Anatomiſte, grand Phyſicien, & je puis dire un vrai Philoſophe, n'a jamais eu l'eſprit entraîné vers le merveilleux : c'eſt en ſuivant la Nature, toujours ſimple dans ſes opérations, qu'il démontre que le cerveau, par ſa ſtructure, eſt le principal organe qui doit ſéparer du ſang artériel l'eſprit animal. « Cette liqueur » éthérée, très-légere, compoſée de mo- » lécules extrêmement déliées, que leur » affinité raſſemble ». C'eſt d'après les ob- ſervations les plus ſcrupuleuſes, & des faits que les yeux découvrent, qu'il penſe que, de tous les moyens employés par la Nature pour la ſéparation d'un liquide confondu dans la maſſe du ſang, le Magnétiſme eſt le ſeul qui puiſſe la favoriſer. La qualité de cet agent réſide dans l'action de certains corpuſcules ſur une matiere homogene, ou d'une autre nature qui tend à s'en rap- procher : ainſi les Phyſiciens expliquent aujourd'hui l'union qu'on voit entre deux gouttes d'eau, d'huile, &c.

« La matiere de l'eſprit animal qui roule » avec le ſang, acquiert, par des circula- » tions réitérées, le degré de légereté, de » petiteſſe & de chaleur qui la rend ſuf- » ceptible des impreſſions du Magnétiſme.

B iv

» Elle ne peut acquérir de mouvement que
» par fon intime union avec cette fubftance ;
» & elle le perd bientôt, quand elle en eft
» féparée : c'eft ainfi que la matiere de la
» lumiere ceffe de l'être, lorfque, par l'in-
» terpofition d'un corps opaque, on la
» fépare des rayons du foleil ».

L'Auteur, après avoir confidéré le cerveau comme le réfervoir capable de contenir l'efprit animal, confidere de même
la moële de l'épine, les nerfs & fibres
mufculaires par leur ftructure particuliere (1).

« On fait que l'efprit animal eft princi-
» palement deftiné à exciter en nous les
» fenfations, & à produire le mouvement.
» Il eft inconteftablement démontré par

____

(1) On pourroit dire la même chofe du tiffu muqueux ;
dont l'Auteur des recherches nous a donné une defcription
exacte, qui l'a conduit aux recherches fur les glandes : cet
organe, qui fournit une enveloppe à toutes les fibres nerveufes, &c., eft, felon l'Auteur, *le fiege de plufieurs ma-*
ladies, & celui de beaucoup de phénomenes de l'économie ani-
male ; ce que beaucoup de Praticiens font en état de confirmer par leurs obfervations.

» l'Anatomie, que les mêmes nerfs se dif-
» tribuent dans les organes des sens, &
» dans ceux du mouvement. Nous voyons
» tous les jours dans la pratique de la
» Médecine, qu'une partie qui a perdu le
» sentiment, conserve le mouvement, ou
» le contraire ».

Tous les phénomenes qui dépendent de ces organes, soit dans l'état de santé, soit dans l'état de maladie , ont déterminé à croire qu'il y avoit dans les nerfs deux sortes de matieres constituant l'esprit animal ; qu'elles peuvent avoir des mouvemens contraires, sans que l'action de l'une soit un obstacle à celle de l'autre ; & que le mouvement de l'air grossier n'apportera que de très-petits changemens à la détermination de ces corpuscules comparés aux rayons de lumiere, à la matiere du son, & aux molécules des corps odoriférans.

« Il y a lieu de penser aussi qu'il en est
» une extrêmement subtile, capable d'ex-
» citer les sensations, & l'autre plus gros-
» siere, très-élastique, & propre à pro-
» duire le mouvement..... La matiere du

» mouvement, qui nage dans celle du fen-
» timent, a plus de maffe que cette der-
» niere ; les molécules dont elle eft com-
» pofée, font autant de balons élaftiques
» que la matiere du fentiment peut déve-
» lopper & mettre en jeu ».

Cette théorie explique avec clarté les effets de ces deux matieres, foit dépendant de la volonté, foit purement méchanique, c'eft-à-dire, dans l'état de veille, & dans celui de fommeil.

Un fyftême, fondé fur les opérations de la Nature, qui ne s'écarte jamais des routes qu'elle fuit dans fes productions les plus connues, eft certainement le plus vrái-femblable ; les autres fyftêmes, même ceux qui ont fait le plus de fortune, ne s'accordent point avec l'Anatomie, que leurs Auteurs ont négligée, le feul moyen « de faire » des obfervations & des expériences pour » connoître la vérité. Il ne s'agit point » d'inventer, mais de trouver ce qui eft » fait ».

Je demande fi ce Magnétifme, reconnu par M. Lieutaud comme l'agent principal

des efprits animaux, & par tous les Phyficiens & les Philofophes comme celui de
prefque tous les phénomenes, eft autre que
le Magnétifme animal ? Non, Meffieurs :
c'eft ce même fluide fubtil, répandu dans
tous les individus, dont on fait s'emparer
aujourd'hui, pour en concentrer, en diriger, ou en propager l'action ; cet agent
de la Nature, en un mot, qui trouble depuis cinq ans toutes les têtes, excepté la
mienne.

Vous voyez, Meffieurs, non un petit
bout d'oreille, mais les traces des doigts
magnétifans. Vous voyez un homme curieux de fuivre l'action d'un fluide homogene fur les efprits vitaux. Si c'eft une foibleffe de reconnoître ce principe, felon
quelques Médecins, c'eft au moins fans
méconnoître les devoirs de mon état, &
comme public, & comme particulier.

Il n'eft point de profeffion plus noble &
plus utile que celle de la Médecine; c'eft d'elle
qu'on peut dire avec le plus de certitude,
que l'intérêt particulier de celui qui l'exerce
eft lié imperceptiblement avec l'intérêt

général. Un Médecin doit donc, avant tout, être citoyen. La conduite de celui qui négligeroit de s'inftruire d'expériences nouvelles, ou renouvelées des Grecs, fi l'on veut, qui intéreffent la confervation d'un peuple trop crédule, ne feroit-elle pas irréguliere vis-à-vis de tout le monde ? Celui-là ne feroit-il pas encore plus répréhenfible de s'en interdire toute connoiffance par un faux fyftême, ou par un efprit de prévention, fource de tant d'erreurs & de menfonges. Il y a déja plufieurs années que j'ai prêché la réponfe que fit Arnobe aux Idolâtres qui conjuroient le Sénat de fupprimer les livres dans lefquels Cicéron démontroit la vanité des faux dieux. *Réfutez-les*, leur difoit-il, *fi ce font des impiétés ; mais d'en interdire la lecture, ce n'eft pas foutenir la caufe des dieux : c'eft craindre le témoignage de la vérité.*

La premiere loi que doit fubir un Récipiendaire dans toutes les Facultés du Royaume, eft de jurer fur les paroles d'Hippocrates, *jurare in verba Magiftri*. Un Médecin feroit donc criminel de lefe-Faculté,

s'il ne fuivoit pas les précept*s de ce grand
Maître. Il s'exprime ainſi, *lib. de Arte:*
Mihi verò invenire aliquid eorum quæ non-
dùm inventa funt, quod ipfum notum quàm
occultum effe præftet, fcientiæ opus & votum
effe videtur; fimiliterque femi-perfecta ad
finem perducere & abfolvere. At verò ver-
borum inhoneftorum arte ad ea quæ ab aliis
inventa funt, confundenda, promtum effe,
nihil equidem corrigendo : eorum autem qui
aliquid fciunt inventa apud ignaros calum-
niando : non fanè fcientiæ votum aut opus
effe videtur, fed proditio magis naturæ fuæ,
aut ignorantia artis.

Ainſi, loin de trahir n**s devoirs, ou de
faire femblant de les ignorer, ne perdons
jamais de vue la doctrine du Dieu de la
Médecine, ni dans le moral, ni dans le
phyſique, pour le bien univerſel : que di-
rai-je de plus ? *Démocrite* (1) *paroiſſoit fou*

---

(1) Quelle comparaiſon ! diront les Magnétiſtes,
Démocrite ſe moquoit de la vanité & de la foibleſſe
des hommes qui conçoivent des projets ridicules, parce qu'il
croyoit que tout dépendoit du haſard ou de la rencontre
fortuite de ſes atomes. M. Meſmer, au contraire, fait,

devant tout le public, & il ne l'étoit pas vis-à-vis d'Hippocrates.

J'ai l'honneur d'être, avec des fentimens refpectueux, votre très-humble & très-obéiffant ferviteur,

UN DE VOS ABONNÉS.

---

avec un grand fang-froid, tirer parti de la vanité & de la foibleffe de ceux qui conçoivent le projet ridicule de fe guérir avec une méthode qui ne dépend point du hafard, mais fondée fur une correfpondance & une influence univerfelle entre tous les corps fufceptibles de mouvement. Celui-là ayant dépenfé fon patrimoine à voyager pour s'inftruire & conférer avec les Savans de chaque pays, revint dans fa Patrie; il fe retiroit dans un jardin où il faifoit fes expériences philofophiques, aimé & eftimé de fes concitoyens. Celui-ci, n'ayant pu s'attirer, ni célébrité, ni confidération dans fa Patrie (felon quelques Ecrivains) par fes expériences phyfico - médicales, n'a pas voyagé pour s'entretenir avec les Savans, mais plutôt pour les inftruire d'une méthode nouvelle, & s'acquérir un patrimoine. . . . . . Eh ! que n'a - t - on pas dit, & que ne dira - t - on pas ? Il faut dire auffi, que fi l'un n'a pas eu parmi les Abdéritains la réputation d'un grand Philofophe, c'eft que, felon Pline, *on ne rend pas juftice aux vertus domeftiques, &c. . . . . . & qu'on exalte ce qui vient de loin. . . . . .;* que l'autre, averti par fon expérience même, a quitté l'Allemagne pour s'acquérir une réputation chez l'Etranger. Nous conviendrons enfin que Démocrite ayant paffé pour fou, parce qu'il rioit à tous momens, & même dans fes conférences philofophiques, le Pere de la Médecine, appelé pour

(31)

De tous les fyſtêmes, les Médecins &
Phyſiciens s'attachent à celui qui leur paroît
le plus vraiſemblable : auſſi, depuis trente-
cinq ans que je ſuis Docteur en Médecine,
je me ſuis fait un principe ſur la matiere
de la chaleur, qui m'a ſemblé le plus conforme à la nature. On rencontre dans la
plupart des Auteurs les plus célebres du
17e & même du 18e ſiecle, des compila-

---

le viſiter, eut tant de vénération pour l'eſprit & la ſcience de
ce Philoſophe, *qu'il ne put s'empêcher de dire aux Abdéritains,
qu'à ſon avis, ceux qui s'eſtimoient les plus ſains, étoient ſouvent les plus malades ;* que le Docteur Germanique, au contraire, geſticulant avec le plus grand ſérieux, peut bien
paſſer pour fou, ſur-tout chez une Nation qui rit de tout ;
& nous convenons qu'un très‑grand nombre de Médecins de Paris n'ont point voulu le viſiter ; &, loin de
reſpecter ſa ſcience & ſon agent, eſtiment que tous les
Malades qu'il traite n'en ſont pas devenus plus ſains. En
bon François, j'ai commencé par rire avec les autres ; en
vrai Médecin, j'ai fini par obſerver d'un œil philoſophique.
Malgré ces oppoſitions, je demande ſi l'opinion de Démocrite ſur ſes atomes, renouvelée par tant de Phyſiciens,
& qui a frayé le chemin à celle des Carthéſiens, ſeroit plus
admiſe aujourd'hui par les Savans de notre ſiecle, que la
doctrine Meſmérienne ; l'Éther Newtonien ne ſeroit-il pas
regardé comme une ſavante chimere ? ſans doute. Ils aſſure-
roient même, pour éviter toute diſcuſſion, que ces matieres
ſubtiles n'exiſtent point.

tions, parmi lesquelles, malgré la méthode
que ces Savans y ont employée, & quelques
réflexions ingénieuses dont ils ont voulu les
rajeunir, on reconnoît toujours l'obligation
que nous avons aux Anciens; (j'en excepte
les découvertes anatomiques & chimiques);
on y trouve des raisonnemens physiologi-
ques dont plusieurs s'accordent si peu avec
les observations & la pratique; des systêmes
si éloignés de la structure des parties, des
loix méchaniques appliquées si malheureu-
sement aux phénomenes de l'économie animale, des commentaires si variés & des
interprétations quelquefois contradictoires.

Devine, si tu peux, & choisis, si tu l'oses.

Ah! pauvre Lecteur, il vaudroit mieux
s'instruire avec les Auteurs du 16e siecle,
qui, avec moins de physique & un peu
de qualités occultes, raisonnent au moins
par des faits & des observations.

Ainsi, tout bien pesé, je me fais gloire
de considérer, avec Hippocrates, cette
chaleur imprimée à tous les corps animés
comme le principe de la vie, comme la

nature

nature même, jufqu'à ce qu'on ait démontré mon erreur plus évidemment qu'on ne l'a fait jufqu'ici. Ainfi, malgré le relief des connoiffances phyfiques & mathématiques, les grandes agitations, les frottemens multipliés ne feront jamais que des caufes médiates d'une chaleur ranimée ou rapprochée.

L'explication de la chaleur animale propofée par le Docteur *Martine*, a régné dans les Ecoles pendant les plus beaux jours de la Phyfiologie, & a été foutenue par *Bergerus, Boerrhaave* & *Sthaal.* Le Docteur *Douglas* a réfuté les opinions, en oppofant, entr'autres argumens invincibles, l'impoffibilité d'expliquer le phénomene effentiel, *cette uniformité de la chaleur des animaux dans les différens degrés de température du milieu environnant* (1). Mais la caufe de la chaleur animale que ce Docteur veut établir, n'eft qu'une hypothefe ingénieufe (2), & ne détruit point la doc-

---

(1) Ce fyftême ingénieux a été étendu & foutenu avec éclat dans les Ecoles de Paris, par M. de la Virotte.

(2) Douglas avance que le frottement des globules dans

trine de Galien ni des Arabes qui ont présenté cette chaleur, & après eux leurs partisans les plus éclairés, *comme un agent réel
& physique, & non comme une vaine qualité.*
En un mot, pour être en droit de bâtir un
syftême fur l'exclufion des autres, il faut
en bonne logique, que la réfutation de
toutes les autres explications poffibles foit
abfolue & évidente.

Je regarde les parties animales comme
le réfervoir de la chaleur, & les humeurs
comme fon aliment. Il eft certain qu'elles
contiennent le phlogiftique ou le principe
inflammable ; mais eft - il poffible que ce
principe, dégagé par quelque caufe que
ce foit, & mis en jeu, puiffe exciter un
véritable incendie dans les animaux (1)?

---

les vaiffeaux capillaires eft la caufe évidente de la chaleur
animale. Un favant critique a démontré qu'il a confondu
la quantité de la chaleur avec le degré, *puifque le degré de
chaleur eft le même dans un globule comme en cent ou en un
million*, comme cent pintes d'eau bouillante, ou une feule
pinte.

(1) Comme on prétend le prouver par des faits rapportés
& recueillis dans un écrit lu à la Société de Londres en

Quoi qu'il en foit, nous avons grande obligation au Docteur Martine d'avoir raffuré l'univers contre ces embrâfemens phyfiquement plus probables néanmoins que les effets de la chaleur fébrile, regardés par le fameux Boerrhaave *comme très-capables de coaguler la férofité du fang*. Il a détruit cette opinion, fuivie par les Docteurs *Arbuthnot* & *Stales*, avec l'expérience la plus fimple. Il a démontré que la férofité du fang, le blanc d'œuf, &c., reftoient fluides jufqu'au 156e degré de chaleur ou environ. Or, la chaleur abfolue de l'homme dans l'état de fanté, étant de 97 à 100 degrés du thermometre de Farenheit, felon les expériences réitérées de ce même Docteur, & le terme extrême de la chaleur dans les plus fortes fievres n'étant jamais porté au-delà du 108e degré ; que devient l'affertion de ce grand Maître fur la coagulation des humeurs ?

Au milieu de toutes ces contradictions,

1745, & traduit à la fuite des differtations fur la chaleur animale, imprimées à Paris en 1751.

je vais hafarder ma façon de penfer fur la chaleur primitive & fur la chaleur animale ou fecondaire, fans m'écarter de la vraie Phyfique.

Le Soleil eft le centre de la lumiere ; fes rayons produifent la chaleur. L'une & l'autre s'affoibliffent ou fe perdent pour nos fens feulement, & momentanément, fans ceffer d'exifter. Elles fubfiftent par elles-mêmes, occupant tous les efpaces ; & im-muables, elles ne peuvent être changées ni altérées dans les plus violentes agitations du globe, dont les fecouffes ne font que des effets inftantanées des émanations de la terre & des eaux.

Ce que j'entends par *chaleur primitive*, eft ce fluide imperceptible, homogene, répandu par-tout, exiftant également dans tous les efpaces, environnant tous les cor-pufcules flotans de notre atmofphere, & leur communiquant fon élafticité : il ne peut fubir ni changement ni altération (1), étant fur le globe terreftre le régénérateur

_____

(1) On voit que je ne m'écarte pas beaucoup de la dé-finition du feu élément, donnée par l'immortel Boerrhaave ;

& le confervateur de tous les êtres, & ne fe découvrant à nos fens que par des effets.

Les particules de ce fluide (telles que nous les voyons) déterminées en lignes ou en rayons réfraétés par l'atmofphere ter- reftre, forment la chaleur animale, les corps lumineux & les couleurs, qui font diffé- rentes, felon le reflet des angles : ces rayons, dans leur plus grande direétion par rapport à nous, dans les beaux jours de l'été, produiront la raréfaétion & la dilatation ; réunis, rapprochés, par le moyen d'une glace, enflamment & brûlent ; &, à raifon de la forme & de la grandeur des glaces convexes, on parviendra à fondre les métaux, & à exfolier & évaporer les diamans (1) ; où ces mêmes particules font

---

mais je me rapproche encore plus de M. *Lemeri*, puifqu'il place le feu élément dans les corps comme une matiere qui ne peut être produite, comme préfent par-tout & dans les intervalles infenfibles qui fe trouvent entre les parties des corps. . . . *Mém. de l'Ac.* 1713.

(1) Une loupe de 50 pouces de diametre fondroit-elle auffi promptement l'or & le diamant, fi l'art n'ajoutoit à la réfraétion d'une quantité confidérable de rayons, à travers l'atmofphere éleétrique, des parties inflammables ? Cette loupe renferme 26 à 30 pintes d'efprit de vin.

ramaffées & refferrées dans des efpaces
étroits, lorfque des frottemens qui fe font
avec force, ou qui, continués avec vîteffe,
donnent plus d'activité aux particules électriques, plus abondantes dans certains corps
que dans d'autres, chaffent les molécules
aériennes, rempliffent tous les efpaces
vuides, & fe raffemblent en abondance
autour du corps mu : ainfi, les effieux de
fer, les meules de moulin, &c., peuvent
enflammer & embrafer tous les corps qui
en font fufceptibles.

Mais ce feu, qui confume & divife, n'eft
qu'un feu produit par les émanations électriques de la terre, & qui exige la combi-
naifon & l'union de certaines matieres pour
brûler & enflammer, & nous procurer une
chaleur, pour ainfi dire, artificielle (1). C'eft
fans doute ce feu qui, felon le grand *Newton*,
n'eft qu'un corps fortement chaud & échauffé.

---

(1) Selon le célebre Rouelle & tous les grands Chimiftes,
le foufre-vierge, regardé par Homberg & le Docteur s'Gra-
vefande comme un feu réel, eft minéralifé dans les terres,
& eft l'effet des volcans. C'eft en un mot l'acide vitriolique
uni à des matieres inflammables.

Son éther ne seroit-il pas cette matiere primitive telle que je la conçois?

La chaleur, quoiqu'affoiblie, ne cesse pas d'être chaleur ; le froid n'en est que la diminution & non la privation. Le fluide universel reproductif des corps animés, & le fluide électrique de l'atmosphere s'unissent aux parties animales d'une maniere plus intime qu'avec les autres corps : aussi leur chaleur est-elle plus considérable relativement ; aussi les liquides qui circulent en général, & forment la nutrition & l'accroissement des solides, sur-tout depuis l'enfance jusqu'à l'âge de virilité, sont-elles plus chargées de parties sulfureuses, & renouvelées sans cesse par l'air qui en est chargé.

La diminution de la chaleur survient à une partie, aux vaisseaux capillaires, par exemple, parce que la matiere des esprits animaux ne coule pas également dans toutes les fibres musculaires, soit par une cause étrangere à leur essence qui les en écarte, & en empêche le renouvelement, soit par l'épaississement ou l'altération du gluten qui accompagne toutes les gaines nerveuses ;

c'eſt ce qui arrive dans preſque toutes les maladies. Ce gluten, cette matiere poreuſe, pulpeuſe & cellulaire, conſidérée comme le cerveau, capable de contenir les eſprits animaux, ne pouvant plus être entretenue, & par la trop grande ſéchereſſe chez les vieillards, & par la cohéſion trop forte des couches du tiſſu muqueux, le méchaniſme de la machine ceſſe inſenſiblement par la privation de toute chaleur. De-là ce froid abſolu dont l'homme ne peut avoir qu'une idée abſtraite, & eſt ce que nous appelons le *néant*.

Mon objet n'eſt pas de vouloir fatiguer le Lecteur par une diſſertation : je vais réſumer mon opinion.

La chaleur du ſoleil eſt eſſentielle à la reproduction du regne animal & végétal. Le fluide, ou cette chaleur environnant tous les corps, ne produit point par elle-même ce feu qui diviſe tout ſans détruire. Les ſeules émanations de notre globe, les particules ſur-tout ſi mobiles & ſi actives, que les Anciens nommoient *ignées* par eſſence, & que les Modernes appellent

électriques, s'élevant du fein de la terre,
nageant dans l'atmofphere, s'uniffent aux
molécules aqueufes & aériennes, & produifent les météores : ces mêmes particules,
retenues dans le fein de la terre par l'union
des matieres analogues, & fe combinant
avec celles-ci, forment des bitumes & des
foufres, & produifent des commotions ou
tremblemens de terre.

Ainfi, la chaleur du foleil, qui fert à
développer tous les germes, eft le vrai
principe de la chaleur animale & de la matiere des fenfations.

Ce fluide généralement répandu donne
de l'élafticité à tous les petits corps flotans
de l'atmofphere, qui fervent à former la
matiere du mouvement : ainfi, fans la chaleur primitive, nulle fenfation, nul mouvement.

Cette chaleur primitive, en un mot,
contribue, par fon effence, à une cohé-
rence égale entre toutes les parties, &
femble veiller fans ceffe à leur confervation, en y entretenant l'équilibre.

La chaleur fecondaire, au contraire, ne

peut que tendre à la division insensible des parties qu'elle pénetre sans cesse ; & ces mêmes substances actives qui servent au mouvement de tous les corps, servent aussi à leur décomposition.

Aussi peu avancés que nous sommes sur la détermination des sources de la chaleur animale, j'ai osé m'en former une. C'est dans cette idée que les noms de *Magnétisme animal* & d'*Electricité animale* m'ont paru très-convenables. C'est dans cette idée que j'ai été curieux d'en recueillir les résultats par la communication, en apprenant à distribuer le fluide, à le faire pénétrer & déplier des ressorts gênés par une matiere hétérogene quelconque, & enfin à la diviser & détruire d'une maniere sensible ou insensible. Je crois même y avoir reconnu des effets qui demanderoient des observations plus suivies.

Si ce sont des effets de l'illusion, les Médecins sont bien malheureux ; car, malgré toute l'érudition & la théorie la mieux combinée & adoptée de tous, ils sont souvent obligés, dans leur pratique, de re-

noncer aux illusions de la Médecine ratio-
nelle.

Revenons donc au Pere de la Médecine,
qui pense que la chaleur n'est jamais en soi
une maladie ni une cause de maladie. Ce
n'est pas elle qu'il faut combattre & redouter par ses effets dans le traitement des
fievres ; elle est le signe d'un vice plus à
craindre ; & la fievre elle-même est presque toujours symptomatique. Loin de blâmer l'usage de saigner avec modération ,
des boissons aqueuses & adoucissantes, pour
calmer & tempérer une chaleur excessive,
je les regarde comme préparatoires &
comme très-utiles ; mais de vouloir s'attacher à ces indications précaires , dans la
vue d'éteindre ou prévenir un embrâsement,
& les employer comme curatifs, c'est cesser
d'être le ministre de la Nature. *La Médecine
antiphlogistique est de toutes les méthodes la
plus violente à la Nature* (1).

____

(1) Peut-être est-il besoin encore aujourd'hui de modérer
ce goût autrefois si dominant de rafraîchir , *qu'un reste d'Hec-
quetisme , la doctrine des acrimonies , & quelques dogmes aussi*

J'ai trouvé ces principes fuffifans pour me déterminer à m'inftruire de la nouvelle méthode ; & je m'empreffe de donner les preuves de la régularité de ma conduite, & de l'injuftice du décret qui m'a été fignifié.

PREUVES. IL ne fera pas difficile de balancer les raifons du jugement de la Faculté avec celles de mon devoir comme Médecin, & même comme un de fes Membres ; de prouver qu'en cette qualité je n'ai pu ni dû figner formulaire & décret, & que, n'ayant manqué ni au refpect ni aux égards dûs à la Faculté, le décret rendu contre moi eft illufoire, & n'a aucun fondement.

---

hypothétiques avoient répandu : goût attribué originairement à *Sydenham*, Rationel, que *Boerrhaave* honoroit du titre de *Sage Empirifme*. Je penfe, avec quelques Auteurs, que le Docteur anglois mérite auffi peu notre attention comme rationel, que ce célebre Obfervateur mérite notre admiration & notre reconnoiffance pour fa defcription de fes épidémies ftationaires & anomales, & fur-tout celle de la petite - vérole & celle de fes affections hyftériques & hypocondriaques, dans lefquelles affections fa méthode eft abfolument oppofée à l'antiphlogiftique.

Je ne m'étendrai point fur les devoirs du Médecin; ils font connus de tout le monde : il eft le citoyen qui contracte l'obligation la plus effentielle avec fa Patrie, de ne rien négliger de tout ce qui peut intéreffer la vie des hommes. Le Miniftre de la fanté devient le citoyen de l'Univers & l'homme de l'humanité.

Eft-il attaché à une Faculté, & dans une grande ville & très-peuplée, fes obligations générales & particulieres fe renouvellent tous les jours : non-feulement fa gloire perfonnelle, mais celle d'un Corps de Savans, tel que la Faculté de Médecine de Paris, toujours préfente & toujours renaiffante, excitée par l'émulation réciproque de fes Collegues, rend encore fes devoirs plus évidens & plus précieux.

J'ai cru les remplir, en obfervant une pratique inconnue; fur-tout lorfque le Roi avoit fait nommer des Commiffaires pour en faire l'examen, & en porter leur jugement.

Comme obfervateur particulier, je n'ai manqué ni aux loix générales, ni aux Statuts de la Faculté. M. Deflon eſt Médecin de cette Faculté ; tous ſes adeptes étoient Médecins, dont pluſieurs de la Faculté de Paris. Il n'étoit pas queſtion de conſulter pour traiter des Malades : il ne s'agiſſoit que de s'inſtruire d'une nouvelle méthode, & d'en obſerver les réſultats. On ne peut donc arguer contre moi ni contre mes Confreres de l'art. 77 des Statuts : *Nemo cum Empiricis aut à Collegio Medicorum Pariſienſium non probatis, medica ineat concilia ;* ni contre ceux qui ont été chez M. Meſmer, de l'art. 74 des mêmes Statuts : *Cæteri illicitè Medicinam facientes reprobentur.* Ce Doċteur étranger ne pratiquoit point ſa méthode illicitement ; il étoit autoriſé par le Gouvernement à exercer & à faire connoître ſes expériences.

Ainſi je n'ai pas cru devoir ſigner un arrêté qui défend à tout Doċteur de ſe déclarer partiſan du Magnétiſme animal, ni par écrits, ni par pratique, ſous peine d'être rayé du Tableau des Doċteurs-Régens : *Indiċtâ pœnâ expunċtionis ex Albo Doċtorum-Regentium.*

Renoncer à mon opinion particuliere fur le Magnétifme, à des obfervations particulieres fur cette pratique, telle qu'elle eft connue, ou à des moyens de la perfectionner & de la rendre utile dans la curation des maladies ; c'eft renoncer au droit le plus facré du Médecin ; c'eft renoncer aux principes du Pere de la Médecine. « Sa » doctrine, dit M. *Elie de la Poterie*, » s'étayant de l'obfervation, n'ayant d'autre » guide que l'expérience, rappelant toutes » les vérités de l'art de guérir à des » notions fimples fur la nature des êtres » animés, doit être confidérée, depuis le » fiecle d'Hippocrate jufqu'à nos jours, » comme la feule légiflation de la Méde- » cine pratique chez toutes les nations de » l'Europe, du moins chez celles qui ont » pu être civilifées ». Voilà fans doute le vrai guide du Médecin, de l'Obfervateur, & du Miniftre de la Nature.

Ces loix doivent généralement être adoptées par tous les Corps de Médecine. Les loix pofitives de chaque Corps ne peuvent être contradictoires.

La Faculté de Médecine de Paris donne à ſes Membres le droit d'exercer à Paris, d'y donner des leçons particulieres, d'avoir des Malades chez eux, s'ils le jugent à propos, de faire toutes les expériences néceſſaires pour le progrès de l'Art, avec la liberté de les communiquer. Si la Faculté, après l'examen d'une découverte ou d'une méthode particuliere d'un de ſes Membres, la jugeoit peu utile, ou même inutile, elle pourroit l'exhorter avec modération, avec douceur, à l'abandonner. Si cette pratique, par ſa nouveauté, avoit déja trouvé des fauteurs, peut-être ſe croiroit-elle obligée de publier ſon avis, d'en détailler les raiſons, pour éclairer le Public ſur le danger de l'abus qu'on en pourroit faire ; de quoi n'abuſe-t-on pas ? Ce Médecin, ſi l'on veut, ſera un enthouſiaſte, un entêté, & il s'en rencontre quelquefois ; ou plutôt, repréſentons-le tel qu'il eſt dans cette occaſion ; ce Médecin, animé par les diſcuſſions de ſes Confreres, mais plus éclairé qu'eux par ſes propres obſervations, deſirera les continuer, & conduire peu à peu

cette

cette méthode à un degré certain d'utilité médicale : la Faculté aura - t - elle le droit de lui faire signer un acte de renonciation à cette pratique, si les moyens qu'il emploie ne font contraires ni aux bonnes mœurs , ni aux Statuts , ni à la faine Physique , ni à la vraie Médecine , mais très-conformes aux opérations de la Nature ? Elle eft trop fage pour avoir la prétention d'interpréter fes loix pofitives, comme les Auteurs de chaque fecte ont voulu interpréter les Œuvres d'Hippocrate felon leur fyftême.

Me feroit-il permis de trouver fingulier qu'après l'aveu de ma façon de penfer , & mes promeffes faites à la Faculté , & confignées dans l'expofition de ce Rapport, pour lui donner des témoignages du ref-pect & d'une foumiffion raifonnable ; que , malgré cela , on exige encore ma fignature ? Ma fenfibilité ne va pas jufqu'aux convul-fions ; mais , en fait d'honneur , elle eft montée au point de n'admettre aucune dif-férence entre la morale politique des Corps & celle des Particuliers. Ma parole d'hon-neur ne fuffit-elle pas à ma Compagnie ?

D

Je dois me taire, fi j'ai donné lieu au moindre foupçon. N'a-t-on rien à me reprocher ? je me trouve dans la néceffité de faire valoir mes droits, & d'exiger les raifons d'une femblable méfiance.

Ma délicateffe eft extrême, je le fais ; les motifs de l'efprit de Corps militent fortement contre elle ; je le fais : peut-on d'ailleurs faire une loi d'exception pour moi ? Je fais tout cela ; & je ne prétends pas du tout à cette prérogative. Mais un arrêté n'eft pas une loi; il n'eft pas plus difficile de le changer, modifier ou détruire, qu'il n'a été de le former.

Une fanction doit être revêtue de l'autorité du Roi & des Magiftrats, pour avoir fa pleine & entiere exécution : un arrêté, même dans les Cours fouveraines, eft fondé fur les principes de la loi. Les loix de la Faculté font fes Statuts : je n'y ai contrevenu en aucune circonftance ; cette convention ne peut me regarder en aucune maniere.

Cet arrêté, ce formulaire, fût-il figné de tous les Membres, un feul peut refufer d'y foufcrire, tous les réglemens de légiflation n'ont aucun pouvoir fur l'opinion en Phy- fique & en Médecine, & fur-tout fur une opinion réfléchie. Celle-ci ne fe foumet ja- mais à l'empire & à la tyrannie des opinions du plus grand nombre : ainfi, le Savant, avec une méfiance modérée, & une écono- mie prudente dans fes démarches, cher- chera à s'inftruire d'une découverte mife en pratique. Ce n'eft que par une fuite non interrompue d'expériences & d'obfervations qu'il peut parvenir à en fixer invariablement les avantages & les défavantages.

Quel a été le fort, depuis vingt fiecles, de la doctrine d'Hippocrate ? On ne peut trop le répéter ! l'efprit de fyftême a traité d'erreur ce qu'il ne comprenoit pas. Nos Maîtres, en citant les Aphorifmes de ce grand Homme, fembloient s'attacher à une méthode toute oppofée. N'avons-nous pas vu de nos jours des Praticiens célebres vouloir affujettir la nature & tous les de- grés d'une maladie à l'activité de leurs trai- temens ? Ofons affurer aujourd'hui qu'il n'eft qu'une Médecine, celle d'Hippocrate.

Cette Science, dans un fiecle auffi éclairé par l'Anatomie, l'Hiftoire naturelle & la Chimie, n'eft plus abftraite ; cette pratique ceffe, dès ce moment, d'être conjecturale.

Autant les fyftêmes particuliers & tous les appareils d'une méthode font peu capables d'arrêter l'attention de l'Obfervateur, autant le Magnétifme animal doit attacher fes réflexions, & occuper fes momens.

Sous le nom de *Magnétifme*, ne peut-on pas comprendre, & l'électricité, ou chaleur animale, ou les efprits animaux ? Quels font donc les argumens probables pour nous détourner de cette expreffion énergique ? Quelles font les raifons péremptoires pour lier les mains & fermer la bouche à un Médecin fur un principe qui le rapproche de la vraie fcience & de la vérité ? Pourquoi lui ôter les moyens de communiquer des obfervations fur cet objet, s'il y a lieu ? Je ne puis, en honneur & en confcience, & foi de Médecin, foufcrire à cette aveugle complaifance.

Il feroit prudent fans doute de ne pas adopter fi promptement, & les remedes nouveaux & la pratique particuliere fur-tout de nos Docteurs allemands.

Combien d'expériences fur l'extrait de ciguë, pour la guérifon des cancers, ont été faites en France, & pendant plufieurs années, & fur-tout à l'Hôtel-Dieu de Paris! Pourquoi n'a-t-on pas réuffi avec l'extrait même de l'Auteur (1), M. *Storck*, qui nous en a fait paffer une affez grande quantité? Il nous affure cependant avoir guéri des cancers occultes & ouverts. Quelques par-

______

(1) L'extrait fait à Paris ne réuffiffant point, il étoit effentiel de fe fervir de celui fait à Vienne. Les plantes, felon les Naturaliftes, vénéneufes dans un pays, ne le font pas dans d'autres; & la ciguë, cueillie fur un fol élevé & fec, n'eft point pernicieufe comme celle d'un terrein bas & marécageux. Une pauvre femme d'Athenes la mangeoit en falade, & en affez grande quantité, dit-on, dans le temps que le fuc de cette plante fervoit de poifon à *Socrate*. Eft-ce à l'habitude, à la dofe, ou à l'efpece, ou à une préparation particuliere, qu'il faut attribuer fes effets? L'opium n'eft pas narcotique pour les Turcs, à la dofe même de 5 à 6 grains. N'avons-nous pas employé la même efpece de ciguë, la même préparation de fon extrait, la même dofe, & la mé-thode indiquée? Quoi qu'il en foit, nos Anciens la don-noient en poudre intérieurement, depuis 15 à 30 grains. Ce remede n'étoit donc pas nouveau, & avoit été ufité comme fondant & incifif.

ticuliers se sont occupés de vérifier une ou deux observations de M. de Haën, & n'ont eu aucun succès. Cependant ces deux célebres Archiatres de la Cour de Vienne y jouissent de la plus grande réputation ; leurs ouvrages sont répandus dans toute l'Europe, & leur ont acquis, à juste titre, la confiance due à leurs expériences & à leurs talens. Ils n'ont certainement pas voulu nous tromper. Se seroient-ils abusés par quelque lueur de succès ? D'un autre côté, les Médecins françois ne manquent ni d'esprit ni de toutes les connoissances nécessaires pour bien observer. Seroit-ce l'excessive mobilité, l'ardeur naturelle aux François, ou l'impatience naturelle à l'humanité souffrante qui ne leur permettroit pas de suivre avec patience la marche lente des maladies chroniques & les effets d'un nouveau remede ? *Sub judice lis est.*

Il n'en est pas de même du fameux antisiphilitique de l'illustre Commentateur de *Boerrhaave*, le Baron *Van-Swieten*, de ce remede tant vanté par M. *de Haën*, dans un grand nombre de maladies chroniques (1). Le fublimé corrofif, étendu à très-petite dofe, il eft vrai, dans une très-grande quantité d'eau adouciffante, compofée à la volonté & felon la prudence du Médecin, guérit affez fouvent, non toujours : toutes les préparations mercurielles peuvent guérir ; cela n'eft pas douteux : mais celle - ci peut-elle être mife en ufage avec fécurité, & fans aucun danger pour les fuites ? ceci eft bien douteux. Je laiffe cette réflexion à ceux qui s'en fervent habituellement.

Des Médecins ne viennent - ils pas tout récemment de publier & d'adopter un nouveau compofé arfenical anti - dartreux ? Qu'oppoferont-ils à des Auteurs célebres & très - bons Chimiftes, qui ont recommandé *de ne jamais prendre intérieurement* cette fubftance minérale, *quelque préparation qu'on lui ait donnée, & en quelque petite dofe que ce foit ?*

---

(1) Ce qui a donné l'idée à un Médecin françois d'un fyrop fondant , fait avec l'eau mercurielle étendue dans du fyrop de violette ou de guimauve, pour réfoudre les tumeurs froides & indolentes.

D iv

Les Anciens avoient leurs poifons végétaux ; l'euphorbe, l'ellébore, l'elaterium,
le pied-de-veau, les convulvules & les colo-
quintes ; ils ne les employoient le plus fouvent qu'en très-petite dofe, mêlés aux purgatifs, quand le cas l'exigeoit, &c.

La Médecine moderne, en admettant
des minéraux & leurs préparations chimiques, comme vomitifs & purgatifs, a prefcrit en même temps la plus grande circonf-
pection dans leur ufage. Nos grands Praticiens ne s'en fervent point indifféremment ;
& je fuis fondé à croire que la plupart des
cliniques en abufent.

Si nous avons vu ces préparations miné-
rales, ces poudres divifées, ces fels folubles
imprudemment adminiftrés, caufer les accidens les plus funeftes ; que ne doit-on pas
redouter de ces folutions de mercure dans
l'efprit de nitre, & de l'ufage de l'arfenic,
les plus violens cauftiques & corrofifs du
regne minéral ?

Suivons les préceptes fages de MM. les
Commiffaires de la Faculté. Ils font fentir
la néceffité de ne produire de fortes

fecouffes, que *quand la néceffité le com-mande*, & de n'employer les poifons *qu'avec beaucoup d'économie.* Qui ne feroit étonné, d'après ces principes, de voir des Méde-cins nous préfenter des poifons pour médica-mens, & rejeter un remede innocent comme un poifon ?

Parmi toutes les nouveautés admifes ou rejetées depuis plus d'un fiecle, il eft une méthode fur laquelle on n'a pas encore ofé prononcer. L'inoculation, pratiquée par les Médecins les plus célebres, eft établie chez prefque toutes les Nations ; & la Faculté de Médecine garde encore le filence ! Elle n'a pas publié fur cette pratique les avis qu'elle avoit exigés par écrit de chacun de fes Membres, il y a quinze ans ! On a penfé que cette réunion affureroit, ou du moins prépareroit un jugement. La France l'attendoit ; mais en vain !

Trop de prudence alors entraîne des foupçons. . .

J'ai beau dire qu'ils font injuftes ; à peine veut-on m'écouter : les plus raifonnables

prennent ce filence pour une approbation (1).

En effet, ne vaudroit-il pas mieux fe
difpenfer de donner fon avis, s'il ne peut
fervir qu'à jeter le Public dans une plus
grande incertitude, & ne rendre aucun
jugement, s'il n'eft fondé que fur la prévention & fur le préjugé de l'opinion ? Tel
eft donc le décret rendu contre moi le 28
Août 1784.

On me prive, par ce décret, des honneurs & des émolumens de la Régence,
jufqu'à ce que j'aie figné, &c. Ce jugement eft motivé fur ce qu'il « eft appert (2)
» que des Docteurs de l'Ordre très-falubre,
» oubliant les fermens & les vertus du
» Médecin, fe font enrôlés dans une nou-

---

(1) M. le Duc d'Amberg vient d'avoir la petite-vérole,
ayant été inoculé il y a quelques années. Pourquoi cet incon-
vénient n'arrive-t-il qu'aux inoculés de M. *Gatti* ?

(2) . . . . *Compertum eft, &c. . . . . quofdam hujufce Salu-
berrimi Ordinis Doctores jurisjurandi ac virtutum quæ Medicum
decent immemores, dediffe nomen novæ & formidolofæ circula-
torum militiæ, quæ facilè credulos vanâ tuendæ fanitatis fpe
delufos mortales detinent, bonis moribus, civium faluti, & for-
tunis abftrufas molitur infidias.*

» velle milice de Charlatans, qui, trom-
» pant les mortels crédules par l'espoir illu-
» soire de les guérir, tend des embûches
» cachées aux bonnes mœurs, à la vie &
» à la bourse des citoyens. »

Je n'ai rien vu chez M. *Deslon* de contraire aux bonnes mœurs, & j'y ai reconnu
beaucoup de désintéressement. Je lui dois
cette justice.

Jusqu'ici on a pu traiter les Médecins
de charlatans & d'assassins, *verbis & scriptis ;* mais, parmi les mauvaises plaisanteries
& les épigrammes, je n'en ai lu aucune
qui les taxât de filouterie : & c'est une
Mere qui se prête à l'imprudence d'inculper
ainsi ses Enfans ! Que ne puis-je couvrir
d'un nuage épais ces agitations intestines
du globe médical !

On connoît les violentes déclamations
de *Riolan* contre les Philosophes chimistes
prétendant défendre la doctrine d'Hippocrate ; il seroit bien surpris de voir aujour-
d'hui leur principe, *leur agent généralement
repandu*, éclaircir & développer la nature
& le mouvement des êtres animés. Personne

n'ignore les perfécutions de *Guy-Patin*, &
fes emportemens contre *Duchêne*, & fes
plaidoyers contre l'antimoine : hé bien,
c'eft aujourd'hui le minéral le plus ufité
dans la pratique. Ces exemples fe renouvellent de temps en temps, & prouvent de
plus en plus que ce décret eft l'ouvrage de
quelques Particuliers, & non de toute la
Faculté. Ces Meffieurs pourroient-ils fe
plaindre de moi ? Je les compare avec des
Médecins affez fameux, & dont les irrup-
tions fe font étendues jufques fur la poffé-
rité : ils peuvent d'ailleurs être fort tran-
quilles ; je n'ai point envie de fcruter leurs
intentions, ni d'éplucher leur conduite ; je
veux traiter ceci le moins férieufement
qu'il fera poffible.

« M'avez-vous cru affez inconféquent,
» Meffieurs, pour adhérer à un pareil juge-
» ment, pour configner un aveu tacite d'irré-
» gularité dans ma conduite, & de l'oubli de
» mes devoirs ? Vous avez beau infpecter,
» & ma figure, & mes paroles, & le fond
» de mon ame, vous n'y trouverez aucun
» motif d'une condefcendance aveugle &

» déplacée. Ah ! fi j'euffe figné & formu-
» laire & décret, avec la douceur d'un
» mouton, vous vous feriez bientôt écriés
» avec l'Avocat *Patelin : Habemus confiten-*
» *tem reum.* Cela eft fi vrai, que de ceux
» qui ont eu la complaifance de figner,
» deux ou trois n'en ont pas moins été
» interdits pour un certain temps (1) ».

A la fin du décret rendu fingulierement contre moi, on lit après *) Donec fubfigna-verit decretum ,* cette addition, *& de illius erga Facultatem ftudio , reverentiâ & obfe-quio conftiterit.*

Cette petite injonction judiciaire de marquer plus de zele, plus de refpect & de foumiffion, eft - elle attribuée au refus de ma fignature ? Je n'ai pu ni dû la donner ; je crois l'avoir démontré. Le décret tombe donc de lui-même, & l'inculpation en eft chimérique.

Seroit - ce un prétexte pour donner un

___

(1) Entr'autres, M. de la Porte , Membre de la Société Royale de Médecine, qui n'a figné que par foumiffion filiale.

motif au jugement ? Et ne voudroit-on pas tirer quelque induction de mon dire à l'interrogatoire qu'on m'a fait fubir, & de certaine phrafe de ma Lettre? Surpris d'être interrogé comme un criminel, j'ai demandé, il eft vrai, fi j'étois dans la Chambre de la Tournelle. J'ai conféquemment écrit à M. le Doyen, *que je ne devois pas m'attendre à fubir un interrogatoire auffi indifcret qu'irrégulier.*

Ce n'eft pas que la Faculté ne renferme dans fon fein quelques fuppôts de Juftice réglée ; mais elle ne prétend pas s'arroger des droits qu'elle ne peut avoir, & dont elle jouiroit contre fes propres intérêts. Ainfi mes réponfes & ma Lettre font les preuves les moins équivoques de mon attachement pour elle & pour fes Statuts ; & je ne ferois pas fi fenfible aux écarts dans lefquels elle fe laiffe entraîner. Plus je refpecte les décifions de fon Tribunal, fondées fur la fageffe de fes loix, moins je dois approuver celles qui peuvent compromettre fa juftice & donner atteinte à la liberté de fes Membres.

Auroit-on d'anciens reproches à me faire ? A-t-on faifi cette occafion pour m'en punir ? J'ai beau me recueillir, & je ne trouve rien. J'ai bien quelques défauts ; on voudra bien me difpenfer d'en faire le détail ; ils ne font de tort qu'à moi. Au refte, pour mettre le Public en état de juger de ma conduite comme Médecin, je ne connois d'autre moyen que de lui rendre compte, & de ce que je n'ai pas fait, & de ce que j'ai fait, fur-tout depuis vingt-neuf ans que j'ai l'honneur d'être de la Faculté de Paris.

Ce que je n'ai pas fait.

1°. Je n'ai jamais manqué à mes devoirs de Docteur-Régent ; je n'ai rien négligé pour bien faire la befogne dont j'ai été chargé : peut-être n'ai-je pas contenté tout le monde ; mais je n'ai pas cru mal faire. Je n'ai jamais manqué de refpect aux Anciens, foit à la Faculté, foit aux confultations. Je n'ai jamais cabalé dans les Affemblées, ni interrompu les avis. Je n'ai jamais dénoncé un Confrere, quoiqu'on m'ait fourni des moyens de me plaindre avec raiſon.... Hors la Faculté, je n'ai jamais été intrigant : ce rôle n'eſt pas bien difficile ; mais je n'ai jamais pu me réſoudre à le jouer. Je n'ai jamais dit de mal de mes Collegues, ni cherché l'occaſion de leur faire tort ; je n'ai pas même daigné le reprocher à ceux qui m'en ont fait. Je n'ai jamais vu de Malades avec des Praticiens illicites, ni voulu ſigner des certificats de guériſon incertaine. Je n'ai point fait de livres à la toiſe, dans la ſeule vue de faire parler de moi (1) ; ni la plus mince feuille pour injurier ou calomnier des Médecins. Je n'ai jamais été tenté de remettre à neuf d'anciennes obſervations, ni de les rajeunir avec les recettes de ma bibliotheque ; de donner des préceptes connus, & pour le moins inutiles : auſſi ne me ſuis-je point expoſé à des réfutations ſolides, ni à des démentis formels. Je n'ai pas toujours été de l'avis

____

(1) Il eſt des Médecins dont la plume féconde
D'officieux papiers peut fournir tout le Monde.

de

de mes Confreres ; mais ce n'a jamais été
fans raifon ; & je n'ai jamais marqué la
moindre humeur de ce qu'ils n'étoient pas
du mien.

Ce que j'ai fait.

2°. J'ai foutenu les droits de la Faculté
dans tous les temps, & les prérogatives de
fes Membres ; mais fans une aveugle prévention, & avec difcernement. J'ai rendu
fervice à mes Confreres, felon mes forces,
& juftice, fans bleffer la vérité. J'ai eu la
démangeaifon d'écrire, comme un autre ;
j'ai compilé pour moi ; j'ai fait quelques
traductions & quelques obfervations, dans
l'intention de les publier ; mais, tout bien
réfléchi, je ne les ai pas trouvées auffi in-
téreffantes que je me l'étois imaginé ; peut-
être fuis-je trop difficile : en tout cas, j'ai
moins d'inquiétude de les avoir dans mon
cabinet que dans la boutique d'un Libraire.
J'ai fait quelques démarches pour obtenir
certaines places (1) ; j'ai même defiré de

____

(1) Je me fuis préfenté, il y a environ quatorze à quinze
ans, pour occuper une de ces places qui mettent le Médecin.

petites fortunes , comme on en voit par-ci par-là ; mais fans être jaloux de ceux qui les poffedent. J'ai toujours approuvé les établiffemens utiles au progrès de la Médecine ; & je les approuverai toujours , quand même ils feroient contraires à mes propres intérêts. *Indè abftrufarum infidiarum origo.* J'ai cherché fans ceffe à m'inftruire, & par des obfervations, & par des expériences capables de me conduire avec plus de certitude dans le traitement des maladies. Guidé par ce principe , j'ai été chez un Médecin de la Faculté de Paris, pour examiner une pratique nouvelle. *Indè mali labes.* J'ai révélé tout ce que je favois à tous mes collegues, en leur répétant ces mots expreffifs : *Magnétifez , & vous magnétiferez.* J'ai donc dit le fecret à des Savans qui pouvoient

dans le cas de beaucoup voir & obferver. On m'avoit promis la premiere ; mais ayant remarqué dans le nombre des Compétiteurs un plus ancien que moi, je repréfentai à ceux qui difpofent de ces places , qu'il devoit être nommé avant moi, & les priai de me réferver leurs bontés pour la premiere vacante : auffi donnerent-ils leur voix à mon Confrere , quoique, jufques-là, ils m'aient dit n'avoir pas obfervé cette regle.

agir & obferver comme moi; mais j'ai réfifté à l'opinion du plus grand nombre. *Indè iræ.*

..... Sed motos præftat componere fluctus.

Telle eft l'irrégularité de la conduite , l'oubli des devoirs de refpect & de foumiffion dont quelques Membres de la Faculté veulent convaincre un de leurs Collegues.

S'il faut , par un décret , calmer votre colere ,
Sachez du moins , Meffieurs , en modérer l'effet.
Prétendez-vous punir celui qui veut bien faire ?
Ne le puniffez pas de ce qu'il n'a pas fait.

« Daignez , mes chers Confreres , réflé-
» chir fur les diffenfions qui troublent fans
» ceffe votre Ordre. Il eft difficile , au mi-
» lieu de grandes agitations , de ne pas fe
» laiffer entraîner au torrent des paffions.
» Pourquoi ne pas admettre l'ufage de tous
» les Corps , où les jeunes gens & les der-
» niers reçus n'ont voix délibérative qu'au
» bout d'un certain temps ? Ils appren-
» droient, dans les Affemblées , à difcerner
» l'efprit de Corps modéré d'avec cet efprit
» de parti & d'intérêt , toujours extrême ,
» & quelquefois violent. Ils apprendroient
» à fe garder des difcours captieux , pré-

» parés & rédigés dans un Comité fecret,
» & capables de féduire : alors, inftruits
» par l'expérience , ils donneroient leurs
» avis fans enthoufiafme ; & , moins trou-
» blés par la crainte de déplaire , ils ne fe
» contenteroient pas d'opiner du bonnet.

» Ne feroit-il pas néceffaire , pour l'hon-
» neur de la Faculté , de bannir de fes
» Ecoles ces fyllogifmes barbares , qui
» gênent autant l'Argumentant que le Ré-
» pondant ? Ces formes obligées, qui em-
» brouillent le raifonnement, loin de l'éclair-
» cir ? Combien d'Auditeurs , même Mé-
» decins , font fortis , fans avoir pu com-
» prendre la folution d'une difficulté ? Ne
» pourroit-on pas fubftituer à ces fophifmes
» des objections fur un point intéreffant ,
» & , en fuivant le fil des réponfes du Ré-
» cipiendaire , parvenir peu à peu à fortir
» du labyrinthe de la queftion dans laquelle
» on feroit engagé ?

» Mais , ce qui pourroit contribuer le
» plus effentiellement à la gloire de la
» Faculté , feroit le choix d'un Chef ou
» d'un Repréfentant de tous fes Membres.

» Il faudroit, dans des crises sur-tout, un
» Doyen qui sût allier la vigilance à l'inté-
» grité, & la fermeté à la douceur ; faire
» le bien de l'Ordre autant qu'il seroit pos-
» sible, sans avoir égard aux déclamations ;
» se méfier des conseils spécieux, sans
» montrer ni trop de soupçon ni trop de
» confiance ; dissiper ces Comités contraires
» à la paix & aux Statuts, Comités qui ne
» reconnoissent pour principe que l'oppo-
» sition, en un mot cette Secte d'*inconci-*
» *liables* ; éloigner pour jamais de toute
» élection ces esprits ardens & passion-
» nés (1), qui, montés sur le trépié, sont
» écoutés comme des oracles, & *en con-*

____

(1) » On doit se garder principalement de ces délateurs
» qui, sous prétexte de myopie, ont toujours le microf-
» cope en main, & qui voudroient persuader aux clair-
» voyans, qu'une mouche est un monstre, parce qu'ils veu-
» lent voir un monstre dans une mouche ; de ces esprits
» rongés d'ambition, dont l'imagination est si magique, qu'ils
» croient voir dans les espaces, les découvertes faites par d'au-
» tres, & par une illusion progressive, veulent passer pour
» être les créateurs des inventions des autres ; & enfin ,
» de ces têtes qui tournent à tous vents, selon les circons-
» tances, & par un essor généreux, s'élancent du côté du
» plus fort ».

E iij

» *feillant la plus infigne des fottifes, fentent*
» *qu'ils feront foutenus par la force de tous.*

» Le Chef eftimable & refpectable, tel
» que celui qui l'eft actuellement, fe choi-
» firoit, au befoin, un, deux ou trois Ad-
» judans, amis de l'ordre & de la juftice,
» qui, ramenant peu à peu la paix, tra-
» vailleroient à rétablir la confiance publi-
» que. Je connois, parmi mes Collegues,
» des hommes fenfés & prudens, qui cher-
» cheroient à entrer dans les vues bienfai-
» fantes du Gouvernement, réveilleroient
» l'attention des Miniftres pour le bien de
» la Médecine, & procureroient aux Mé-
» decins les honneurs & les récompenfes
» proportionnés à la nobleffe & à l'utilité
» de leur Profeffion.

Que ne pourroit-on pas efpérer alors ?
» Le Public n'ignore pas la trifte fituation
» de la premiere Faculté de Médecine du
» Royaume, Craignant d'être accablée fous
» les débris de fes anciennes Ecoles, elle
» s'eft réfugiée dans celles abandonnées
» par la Faculté de Droit, & en très-mau-
» vais état. N'eft-il pas à craindre que, par

» l'opiniâtreté de quelques Membres à ne
» vouloir se prêter à aucun arrangement,
» ce bâtiment, déja fort ébranlé, ne
» s'écroule bientôt jusqu'aux fondemens ?
» Combien d'épigrammes & de brocards
» vont alors tomber sur les morts, pour
» égayer les vivans! N'a-t-on pas déja gravé
» une épitaphe (1)?

» Non, mes Confreres, cette même Fa-
» culté de Droit vous a donné un trop bel
» exemple, pour ne le pas suivre Vous
» trouverez des Protecteurs qui contribue-
» ront de tout leur crédit à procurer à notre
» & très-célebre Faculté, non des richesses
» qu'elle n'ambitionne pas, mais du moins
» un asyle assuré ; un Lycée, dont la simple
» & noble construction représente un tem-
» ple d'Apollon ou de Minerve, ou les
» Ecoles fameuses des anciens Philosophes,
» le Portique & l'Académie d'Athenes.
» Employez ceux qui vous sont attachés

---

(1) Quæ Machaonis erat toties labefacta nepotum
    Civili bello, floruit alma Parens.
Denique tormentis, vix fulta, subacta ferinis,
    Hîc nimiùm summo Jure supina jacet.

E iv

» par état, & se trouvent, par leurs places,
» avoir un libre accès auprès du Monarque
» bienfaisant, dont les actions journalieres
» tendent au bonheur de ses sujets & aux
» progrès des Sciences & des Arts (1).
» Mais, parmi les moyens convenables,
» proposez ceux qui, sans être onéreux à
» l'Etat, puissent intéresser le cœur de Sa
» Majesté, & mériter son suffrage ; ne
» doutez pas un instant de ses bontés & de
» sa munificence.

   » Un monument, correspondant par sa

---

(1) Louis XVI, m'a-t-on dit, curieux de lire les feuilles
en Anglois qui contiennent une description suivie des voyages
de Cook, en a tiré des notes, & les a rédigées en forme
de Mémoire. Il a donné ce Mémoire au Ministre de la
Marine, pour le faire examiner, disant qu'il s'y intéressoit
comme pouvant servir au progrès des Sciences. Des Savans,
après l'avoir parcouru avec beaucoup d'attention, ont donné
l'approbation la plus flateuse aux vues utiles que ce Mémoire
renfermoit. M. le Maréchal de Castries l'ayant remis à
Sa Majesté, elle en parut fort contente. « Je suis bien aise,
» dit-il, que ces Messieurs soient de l'avis de l'Auteur ; c'est
» moi qui le suis ». Il se détermina sur-le-champ à envoyer
des Savans pour continuer les voyages de Cook. Mais, ne
voulant point que les dépenses fussent prises sur le Trésor
Royal, Sa Majesté les a assignées sur sa Cassette. Les Voya-
geurs doivent s'embarquer à la fin de Juin.

» façade à celui de la Faculté de Droit,
» deviendra abfolument néceffaire. Pour-
» quoi né pas demander l'emplacement
» intérieur ? Vous aviez approuvé, il y a
» quelques années, un plan de conftruction
» fait par un célebre Architecte; pourquoi
» ne le pas examiner de nouveau ? Mais
» fur-tout n'oubliez pas une Ecole de pra-
» tique, un Hofpice où vos Adeptes puif-
» fent apprendre, au chevet du lit des
» Malades, à faire l'application de la doc-
» trine d'Hippocrate, à faire des obferva-
» tions fur fes Aphorifmes, comme s'ils
» n'euffent jamais été interprétés, & à fe-
» courir avec prudence & fagacité les
» efforts & les crifes de la Nature. Ils n'en
» feroient pas moins admirateurs zélés de
» la facilité des *Duret*, de l'élégante lati-
» nité & de l'érudition des *Fernels*, des
» difcuffions vigoureufes, & des définitions
» favantes d'un *Baillou*. Ces grands Hommes
» exiftent toujours parmi vous; mais, fans
» les obfervations & les faits, on ne par-
» viendra jamais à l'art de guérir ; c'eft le

» feul moyen de combattre les *Pétrarques*
» modernes, qui, en accordant beaucoup
» de probité & de favoir aux Médecins,
» difent d'eux : *Les Médecins n'ignorent*
» *rien, excepté l'art de guérir.*

» Enfin, mes chers Confreres, la plus
» fage de toutes les fectes eft celle des
» *Eclectiques :* ils ne s'attachoient à aucune
» fecte particuliere, *& prenoient dans toutes*
» *ce qu'ils jugeoient de meilleur.* Permettez-
» moi de fuivre ces principes ; &, loin de
» blâmer mon opinion & ma conduite,
» vous finirez par l'approuver & me rendre
» juftice.

» Et vous, Savans & Philofophes,
» paroiffez ce que vous êtes ; foyez
» généreux pour le bien de l'humanité.
» Accoutumés à réfléchir fur la tyrannie
» des opinions, rappelez **les Phyficiens** &
» les Médecins à celles qu'ils ont jugées
» n'avoir aucune réalité. Si le vraifemblable
» n'eft pas toujours vrai,

Le vrai peut quelquefois n'être pas vraifemblable.

» Vous êtes doués d'une intelligence trop

» étendue pour ne pas connoître les bor-
» nes de cette intelligence. Devez - vous
» conclure qu'un fluide univerfel n'exifte
» pas, parce que vous ne concevez pas
» comment cette caufe premiere produit
» des phénomenes fenfibles ? Mais con-
» cevez - vous la vraie fource de nos per-
» ceptions ? Ces facultés de l'efprit &
» des fens ne nous forcent-elles pas d'ad-
» mettre un principe établi par le Créa-
» teur pour la reproduction de tous les
» êtres ; de reconnoître fon influence dans
» l'accord & la correfpondance de toutes
» les parties de l'Univers, & les loix conf-
» tantes du mouvement général ; d'admirer
» enfin cet ordre uniforme qui nous éleve
» jufqu'à la toute-puiffance de l'Auteur de
» la Nature ».

Je me flate, ô Public ! que vous approu-
verez les motifs qui ont déterminé mes
démarches. C'eft à vous à juger fi mon
opinion fur le Magnétifme animal peut
porter atteinte & à mes devoirs & à ma
réputation, & fi, par ma conduite publique

& particuliere comme Médecin, j'ai mérité d'être *dérégenté*.

Il ne me reste plus que de mettre à portée de juger si des écrits dictés par l'imagination, des jugemens précipités, font capables de détourner l'attention d'un Observateur occupé du bien public & du feul plaifir d'y contribuer fans intérêt (1).

Nota. Je ne fais fi mes *je* déplairont à quel-

____

(1) Malgré le défintéreffement & les facrifices des Médecins en général,

> On fait qu'un noble efpit peut, fans honte & fans crime,
> Tirer de fon travail un tribut légitime.

Il n'eft pas poffible de taire quelques exemples de gens riches, ou d'héritiers fur - tout, qui ne fe font pas de fcrupule de nous faire perdre dix à douze ans de peines & de foins, en s'appuyant de la rigueur de l'Ordonnance, qui n'oblige à payer que la derniere année. Doit-on fufpecter la délicateffe d'un Médecin à ne pas exiger ce qui lui eft dû? Je ne fais; mais il me femble que cette loi ne devroit point le regarder. C'eft alors que la Faculté devroit repréfenter au Chef de la Magiftrature de vouloir bien diftinguer la nobleffe & la délicateffe de la profeffion d'un Médecin, & le fupplier de la diftraire de la rigueur de cette Ordonnance.

ques perſonnes. Je ſuis fâché de n'avoir pas été
dans le cas de pouvoir les étendre ſur la choſe
publique, je les aurois prononcés avec la plus
grande ſatisfaction. *Rutilius* & *Scaurus* ont publié leurs louanges, dit *Tacite*, *ſans qu'on ait
attribué cela ni à vanité, ni à arrogance, & ont
trouvé créance parmi les hommes. Tant il eſt vrai,
ajoute-t-il, qu'on n'eſt jamais meilleur Juge de la
vertu, qu'autant qu'elle eſt pratiquée !*

EXTRAIT

D'une Critique dialoguée, du mois de Juillet dernier, qui n'a point été imprimée.

LE compte à rendre de ma conduite ne seroit pas exact, si je ne donnois au moins un apperçu d'une Critique de toutes les Brochures Anti-Magnétiques dont le Public a été assailli avant les Rapports. Je ne l'ai point publiée dans le temps, par amour pour la paix & la concorde.

Quelques-unes de ces feuilles avoient d'abord alarmé des partisans du Magnétisme. Comment, disoient-ils, se garantir de ces Anonymes ?.... Les preux Chevaliers se présentoient à visage découvert avant de combattre dans l'arene ; mais des hommes qui veulent passer pour preux, Chevaliers ou non, viendront, le casqué baissé, attaquer des gens honnêtes, occupés de choses utiles, ou, sous le manteau de la pédanterie, tourmenter leurs Confreres par des sarcasmes sans fin ; ou, mauvais singes de Figaro, nous assaillir de plaisanteries à tort & à travers, ſans nous donner le temps de reſpirer , & encore impunément !.... Plus ils ſe fâchoient, & plus j'avois envie de rire , en leur demàndant grace pour *Meſmer juſtifié* , le ſeul à citer pour le ſtyle & la plaiſanterie..... Il a , j'en conviens , chargé un peu les doſes ; mais perſonne n'en mourra. Croyez-moi, Meſſieurs, n'imitons pas les graves Médecins, entêtés de leur opinion , qui regar‑ dent comme leurs ennemis ceux qui ont le malheur de ne pas les adopter. D'ailleurs , des Stoïciens doivent mettre les menſonges au rang des préjugés. *Les méchans les protegent , & les bons les tolerent* , dit *Bayle.* Hé bien , ſoyons tolérans , quand même nous devrions paſſer pour être bons. S'agit-il de répondre ? oppoſons *Momus* à *Momus* , mais avec réſerve & décence. Il ſuffit aux Médecins magnétiſans de ſavoir qu'une petite figure de terre, d'argile , bien pêtrie , bien travaillée , bien contournée dans toutes ſes parties, eſt un petit aiman précieux ; qu'elle a la vertu attractrice & directrice ; a‑ t-elle une foſſette au menton , & une à chaque joue , que ce ſont des graces de plus. . . . . . Ces mêmes Médecins ſont trop inſtruits pour s'amuſer à obſerver les poles. . . . . & con‑ noiſſent leur inſuffiſance pour la ſublime Aſtro‑ nomie ; ils ne portent leurs vues ni ſi haut ni ſi loin : *Ne Sutor ultrà crepidam.* Ils ſont tro*

humains, trop sages, trop prudens & trop re-
connoissans pour abandonner la terre. En effet,
ont-ils besoin de voitures aériennes, de lunettes
& de télescopes, pour s'assurer que la lune,
qui reçoit sa lumiere du soleil, influe sur l'atmosphere & sur tous les individus terrestres (1).

Quant à moi particulierement, j'ai regardé
autrefois, avec nos grands *Physico - Médecins*,
les Anciens comme des radoteurs, & les in-
fluences de la lune comme des contes *de bonne
femme*, ou de l'*Almanach de Liege*. Plus avancé
dans la pratique, graces à l'entêtement de personnes attachées à l'expérience, j'ai été forcé
d'observer que des saignées ou purgations de
précaution, ou dans de légeres incommodités, avoient plus ou moins d'effets, selon les
phases de cet astre. Ainsi, sans croire à toutes
les fables de l'astrologie judiciaire, j'ai suivi
l'influence de mon amour sympathique pour le
bien général. Ce même amour m'inspire encore
le desir de voir la sympathie à laquelle les Médecins n'ont jamais voulu croire, s'établir entre
eux; je crains bien que mon espoir ne soit
jamais satisfait. . . .

____

(1) Que répondre à un Astronome fameux, qui convient
que la lune agit sur l'atmosphere terrestre, mais non sur les
êtres environnés sans cesse de cet atmosphere nécessaire à
leur existence ?

Je

Je n'ai pu me difpenfer de blâmer la multipli-
cation de fes Eleves de tous états, de tous âges
& de toutes couleurs ; de ces hommes fur-tout,
qui, par vanité feulement, ou parce qu'ils
avoient cent louis à perdre fur une carte, fe
faifoient initier, & magnétifoient à tort & à
travers dans les fociétés, & jufques dans les
promenades. . . . . . . Je dénonçois au Public
ces abus en général, & l'impuiffance de ces
Energumenes de l'inftant. Cela ne pouvoit pas
faire grand tort à leurs qualités perfonnelles,
& encore moins à leur poftérité. Au refte, la
plupart de ces Néophytes par curiofité, font
devenus apoftats par néceffité relative ; & je
leur confeillois d'aller porter leurs louis *à Pi-
netti* ; ils en retireroient au moins l'avantage de
s'amufer en amufant les autres.

Parmi la multitude de ces brochures, il nous
eft apparu un diable de Chiromancien, avec
une figure hiéroglyphique. Je ne fais fi fon
mercure trifmégifte l'a bien fervi ; mais je ne me
fuis pas caffé la tête pour le deviner. Pour oppofer fa magie noire à la magie célefte *Mefmé-
rienne*, il s'eft donné une peine diabolique pour
entaffer mille compilations favantaffes. Il eût pu
fouiller dans l'urne de *Zoroaftre*, en femer les
cendres dans les quatre points cardinaux, &
fuivre les traces de tous les Magiciens, jufqu'à

F

la baguette de *Jacques Aymart*, &c., qu'il n'eût jamais attrapé le Magnétisme animal, encore moins les Médecins magnétisans.

Un Auteur a pris le titre pompeux d'*Historien du Magnétisme animal.*

La montagne en travail enfante une souris.

Il annonce une invocation à sa Patrie ; mais le Sorcier veut auparavant *soumettre la matiere subtile de ce fluide à ses fourneaux, &c.* . . . . dire des injures ; &, pour ajouter au déshonneur des adeptes magnétisans, *comparer leur réception à celle des Francs-Maçons.* . . . Ce pauvre homme finit enfin par son invocation. . . . *O ma Patrie ! un seul de vos regards me tiendra lieu de tout ; &, pour le mériter, je n'ai qu'un titre : Non sum ex istis.* Son histoire eût été complette, s'il l'eût entourée d'une exergue avec les attributs de la *Passion.*

En vérité, tout ce mélange de capucinades & de jérémiades ne vaut pas la peine qu'on s'en occupe. . . Je finis par une brochure intitulée, *Eclaircissemens sur le Magnétisme animal*, le seul de tous ces ouvrages qui soit médical. Cet anonyme, m'a-t-on dit, avec de l'esprit, des talens & des poumons, s'étoit présenté d'abord dans la république des Savans, en se pavanant comme le geai de la Fable : on étoit fort étonné de ce qu'il n'avoit pas encore paru sur la scene.

Au milieu des fuperftitions & de la charlatanerie, il reconnoît l'exiftence & l'action du
fluide magnétique (1), *ce moteur fubtil & caché, &
ces corpufcules actifs dont les corps font imprégnés.*
Il rappelle les fonctions du tiffu cellulaire, dont
les *Médecins Grecs*, *auffi bons obfervateurs que
nous*, avoient eu quelque idée. Il veut bien
nommer l'Auteur des *Recherches fur le tiffu muqueux*, & nous donner des leçons fur la divifion
cruciale du corps humain, fur le rapport général des organes & leurs départemens, & entre
autres ceux des glandes & leur organifation.

Devenu le Profeffeur des Magnétifans, il leur
confeille de bien faifir *la conftruction de nôtre
méchanifme & les ufages des plexus nerveux*, &c.
Ils répondoient modeftement à fon *Catéchifme*,
& lui demandoient permiffion de penfer avec
un Anatomifte très-célebre, *que l'Auteur de la
Nature n'a eu d'autres vues, en formant des entre-
lâcemens & des plexus aux environs des vifceres,
& fur-tout du cœur, que celle de les fouftraire à la
puiffance de la volonté, qui pourroit quelquefois en*

---

(1) C'eft fans doute le défefpoir d'avoir reconnu ce
fluide qui lui a donné des crifes affez fortes. On l'a vu,
dans une affemblée, agité de mouvemens *fardoniques*, fe
promenant en furieux, gefticulant & parlant fans ceffe;
& on m'a affuré qu'on ne doutoit plus qu'il n'eût fervi
de modele aux critiques forcenés de l'*Ambigu-Comique.*

faire un mauvais usage ; que ces plexus pouvoient être un obstacle à la *direction du Magnétisme*, comme ils pourroient l'être dans celle de l'électricité artificielle, dont il n'est pas fort aisé de *diriger les courans électriques*, &c. &c. & que la circulation du sang ne pouvoit arrêter des Magnétisans instruits, nullement *étrangers à l'art de guérir*, qui sauront éviter le *plus léger pincement*, dont les suites pourroient être dangereuses. Enfin, il nous apprend que Galien prescrivoit aux *Médecins de son temps d'être prudens dans l'administration des médicamens*, *les remedes n'étant en leur pouvoir qu'au moment où ils alloient les administrer.*

Dans cette incertitude de l'action des médicamens, ne seroit-il pas encore plus prudent de bannir la plupart de nos pharmacopées Galéniques, toutes ces monstruosités arabiques, &c. ? L'observation de la Nature, peu de médicamens, & les plus simples (1), La

----

(1) Il vient de paroître un Ouvrage intitulé, *l'Art de connoître & d'employer les Médicamens*, par M. de *Fourcroy*, notre Confrere. On ne peut rien ajouter aux éloges du Journal de Paris. Les connoissances & les talens de cet habile Réformateur doivent rendre les Praticiens plus circonspects sur la quantité énorme de médicamens mis en usage. J'espere que la vérité de ses principes rendra les Médecins plus Grecs qu'ils ne l'ont été depuis long-temps.

pratique des Grecs, en un mot, eſt la ſeule Médecine qui nous rapproche de la Nature.

Je terminois cette brochure critique par des réflexions & des conſidérations qu'il eſt eſſentiel de rappeler aux Lecteurs, & qu'on ne doit jamais perdre de vue.

Les Malades ne ſe trouvent-ils pas ſoulagés par la ſeule préſence du Médecin ? . . . . La confiance, effet de l'imagination, peut donc contribuer au ſuccès des médicamens. . . . Tout Praticien qui n'a pas le talent de remédier aux affections morales, n'eſt pas heureux dans la curation des affections phyſiques.

Combien d'obſtacles & de contradictions n'ont pas éprouvé dans tous les temps toute doctrine ou opinion qui heurtoient ou ſembloient heurter la doctrine & l'opinion reçues ! Quel enthouſiaſme d'un autre côté, le mérite de la nouveauté n'a-t-il pas produit chez les hommes inſtruits, demi-ſavans, & ignorans ! Ne voit-on pas encore la moindre lueur de ſuccès allumer le flambeau de la jalouſie entre les Savans & les Artiſtes ? Daignez au moins, à travers ces nuages, diſtinguer un petit nombre de Philoſophes (j'aime à croire qu'il en exiſte pluſieurs), qui, avec un ſage pyrrhoniſme, examinent ſans partialité, obſervent avec exactitude, & auront le courage d'approuver ou rejeter, ſans avoir égard au coftume, ni à la célébrité. Jugez-nous à préfent. Les détracteurs font-ils capables de fixer l'avis d'un homme fenfé, fur une méthode dont ils ne veulent pas connoître les effets, & fur lefquels ils prononcent fans appel ?

Lifons donc fans prévention tous ces Ecrits, & par charité pour notre prochain. De petites feuilles font connoître les Auteurs; du moins ils fe l'imaginent. Laiffons à tous ces Ecrivains cette illufion flateufe, *ad gloriam eorum & utilitatem.* Ces Ouvrages éphémeres fe vendent ; & puis le Graveur. . . . & puis l'Imprimeur. . . il faut que tout le monde vive. En un mot, comme difoit une femme d'efprit, Laiffons-leur le libre ufage des *FOLLICULES*, puifqu'ils ont un fi grand befoin de fe purger.

Nota. On peut confulter la Lettre CL du cinquieme tome des *Œuvres de Saint-Evremond*, on y trouvera un Galénifte qui tient en vers le même langage que quelques Médecins de nos jours tiennent en profe.

RÉFLEXIONS

Sur les Recherches du Magnétisme, &c. par M. Thouret.

TELLE étoit ma façon de penser, lorsque parut l'Ouvrage de M. Thouret, chargé de faire des recherches sur l'aimant, conjointement avec M. Andri, par la Société Royale de Médecine.

L'idée que le mot de *fluide magnétique* avoit pu donner au Public, a servi de prétexte pour traiter du *Magnétisme animal.* Ce livre n'a pas laissé que de faire alors quelque impression ; & les Médecins les plus anti-sociétaires ont applaudi avec affectation. Les avis les plus sages en ont réduit les principales propositions en forme de doutes. Mon objet est de prouver que tout ce qu'on a avancé jusqu'ici ne détruit point l'existence d'un fluide animal. *Non lædere sed ludere mens est.*

De tous les Auteurs cités dans cet Ouvrage, & de tant d'autres qu'on n'a pas cités, *Wirdig* a été le plus recherché, comme un de ceux dont les principes paroissent avoir le plus de rapport avec ceux de M. Mesmer : cependant celui dont on a extrait quelques propositions , & qui ne m'étoit connu que de nom , ce *Maxwel* paroît avoir anticipé celles de M. Mesmer.

Quand vous en aurez convaincu vos Lecteurs, mon cher Confrere , il faudra encore prouver la non-exiſtence du Magnétiſme , & l'impoſſibilité de le communiquer aux individus ; méthode dont Maxwel n'a pas fait l'expérience , mais à laquelle il ſemble inviter les Médecins d'avoir recours.

La Phyſique expérimentale nous préſente une quantité innombrable de phénomenes. On les adopte, ſans en aſſigner les premieres cauſes : celles-ci *ſont occultes pour nous* ; auſſi ne doutez-vous point de l'exiſtence des fluides *électriques & magnétiques* ; & , malgré cela , vous ne vous contentez pas *des faits* que nous voyons. Comment donc vous convaincre ? Des gens amis de l'humanité , ont expoſé , ſelon vos deſirs , *des gens de ſang-froid , des enfans , des payſans* à l'action de ce nouvel agent : des Médecins y ont été invités , & ont prétendu que quelques-uns en ont reſſenti des effets ſenſibles , & que même ceux qui n'ont rien ſenti , ſe ſont trouvés ſoulagés de leurs maux. Pourquoi ne laiſſerions-nous pas à des Citoyens eſtimables & déſintéreſſés la conſolation de faire le bien, pour le ſeul plaiſir de le faire ? Pourquoi ôterions-nous à des payſans

le doux efpoir d'être foulagés de quelques infir-
mités, fans aucuns frais, & fans leur dérober
des momens néceffaires à leur travail & à la
fubfiftance d'une nombreufe famille? La perfua-
fion feule, fi vous voulez, les foulagera : quel
triomphe alors pour la Médecine d'imagination!
.... N'allons pas plus loin.

A propos d'imagination, permettez - moi de
trouver la vôtre un peu microfcopique. Après
avoir remonté à l'origine des magies, fafcina-
tions & poffeffions diaboliques, & nous avoir
dépeint toutes les convulfions factices, imitatives & contagieufes, vous rapportez l'hiftoire
du Paralytique à qui la peur du feu fit une telle
impreffion, qu'*il fe fauva fans béquilles à une
très-grande diftance, fans regarder derriere lui* ; &
celle de cet Enfant muet par accident, qui re-
couvra la voix, en voyant fon pere en danger
d'être tué. .... Ces événemens imprévus ont
été bien utiles à la Nature, il faut l'avouer :
les fortes paffions peuvent donc produire de
grands & falutaires effets.

Vous rapportez enfuite celles des filles *Milé-
fiennes* attaquées de convulfions *pendables* ; &
qui étoient contagieufes, dit *Hecquet* : leur exemple
ne féduira perfonne, je penfe ; & pareille con-
tagion n'eft pas trop à redouter ; quant à celles
de l'Hôpital de *Harlem*, que vous citez d'après

Kaau Boerrhaave, & que nous ne révoquons point en doute : on lit qu'elles ont été guéries par la peur du déshonneur & des souffrances. Je vous demande si ces affections violentes, produites par opposition, n'ont pas été de vraies crises; & si les Magistrats de Harlem, en menaçant ces filles d'une punition déshonorante, n'ont pas été les ministres de la Nature? Quel tableau pour ses vrais Ministres, quand les remedes ne suffisent pas ! instruits par l'étude & par leurs expériences, ils connoissent l'avantage & la nécessité des crises; ils savent les prévoir, les aider, & même les produire selon les circonstances. Nous avons des exemples de personnes mortes d'une peur ou d'une joie excessives & imprévues; parce que l'équilibre & l'harmonie ont été subitement interrompues par la diversion sans mesure des esprits animaux, & qu'une autre affection aussi vive n'a pu être opposée pour les rappeler assez promptement, & contre-balancer les distractions irrégulieres des fibres nerveuses, en leur redonnant le ton qui constitue l'accord réciproque entre toutes les parties. Hé bien, les Médecins magnétisans prétendent guérir les maladies spasmodiques plus doucement & plus lentement, il est vrai, en procurant des crises salutaires, & en détruisant peu à peu la cause matérielle qui produit presque

toujours les paralyfies accidentelles & les convulfions fujetes à récidive. Les croirons-nous ?
Ne les croirons-nous pas ?

Les convulfions factices & fimulées *des Reli-
gieufes de Loudun*, celles *des Convulfionnaires fur
la tombe*, fur lefquelles vous vous étendez beaucoup, & appuyez affez fouvent vos recherches
raifonnées, font connues pour telles par le peuple. Heureufement que ce *malheureux Grandier* ne
connoiffoit pas les effets du Magnétifme animal ;
en Hiftorien nouveau & fidele, vous n'auriez
pas manqué de le dire.

*Si la préfence & les propos des hommes avoient un
empire étonnant fur les têtes troublées de ces pauvres
Nones de Loudun*, &c., c'eft dans l'ordre des
chofes naturelles ; de même que la vue, la taille,
les propos agréables des femmes ont un empire
étonnant fur les têtes même raifonnables, & qui
en font quelquefois troublées.

Dans ce fiecle inftruit, on n'auroit pas brûlé
ce pauvre *Grandier*, & pareilles hiftoires feroient
bientôt arrêtées ; on auroit mis le feu au Cou-
vent de Loudun ; & fi les diables n'avoient pas
peur du feu, une compagnie de Grenadiers les
auroit bientôt fait difparoître. Quant *à vos
Actrices de S. Médard*, on les enverroit repréfenter à la Salpêtriere, où la bienheureufe dif-
cipline, dit-on, guérit puiffamment les affections

convulfives, ou du moins en modére les excès. Je me permets, comme vous voyez, d'ordonner des remedes felon les circonftances : je ne crois pas plus que vous à la Médecine univer-felle.

Je ne puis m'empêcher de donner encore un avis fur les convulfions imitatives & contagieu-fes : vous en faites la comparaifon avec les effets du rire, du bâillement (1), &c. ; & vous nous pouffez les imitations *ufque ad naufeam :* vous ne vous contentez pas de tout cela ; vous nous affurez que toutes ces affections font contagieu-fes, au point de fe répandre non-feulement dans des villages & des villes entieres, mais auffi à *des diftances affez éloignées* (2) ; &, felon vous, il en exifte mille exemples. Oh ! voilà de l'en-thoufiafme ! Mille ! . . . Mettons-en cent : les hiftoires de cette efpece fe trouvent répétées dans différens Auteurs, & peut-être exagérées. Au refte, un homme de fang-froid, qui voudra

______

(1) Dès qu'une femme pleure, une autre pleurera,
    Et toutes pleureront, tant qu'il en furviendra.

(2) Des phénomenes effrayans, des tremblemens de terre, ou l'irruption imprévue de l'ennemi, ont produit des fpafmes de toute efpece, même chez les hommes les plus robuftes & les mieux conftitués, lefquels fe font propagés dans tous les lieux voifins : que peut-on conclure de ces exem-ples ?

s'occuper de les vérifier , peut en mettre , fur cent , quatre-vingt-dix au moins au rang des contes.

Ne m'accufez pas , mon cher Confrere, d'une incrédulité abfolue : je crois au trouble, à l'émotion & à certaines difpofitions que peut caufer une femme en convulfion à d'autres fuf-ceptibles, n'euffent-elles même que la fenfibilité naturelle à leur conftitution ; mais ces fortes de cas arrivent fi rarement , & cela fe réduit fouvent à un évanouiffement fans fpafme : nous avons été à portée de faire ces obfervations. S'il n'exiftoit pas d'autres épidémies, elles ne feroient pas fi redoutables ni fi variées ; & les Médecins , occupés de cette partie effentielle , en trouve-roient facilement la curation.

Avec quelle majefté vous nous préfentez M. Mefmer , *maître de fon agent , de le gouverner à fon gré , &c. ; & , par fa préfence , opérer comme la Divinité , fur tous les individus !* La fublimité de ce tableau m'en a fourni le développement & les détails en perfpective. Je me fuis imaginé voir cent mille perfonnes de tous les états ; (le nombre n'y fait rien) rangées en ligne , depuis la terraffe des Tuileries jufqu'au Pont de Neuilly : arrive M. Mefmer , qui , avec fes yeux & fa baguette , magnétifant les hommes & les arbres, de fon foufle renverfe tous les rangs , comme des capucins de carte. Vous ne pourrez plus douter, après une expérience aussi authentique, d'un renversement aussi surprenant que curieux. Quel spectacle! quelle idée folle! me direz-vous. Pardonnez à l'imagination. . . . . Elle a tant d'influence sur nos têtes!

C'est avec peine que je vais nuancer mon ton jusqu'à celui d'un grave Docteur qui parle quelquefois raison. Qui de nous peut vous savoir mauvais gré de compenser *nos prestiges* au sujet du Magnétisme animal, *par l'ardeur de s'instruire, & par amour pour les Sciences ?* Vous auriez dû ajouter, pour la perfection des Sciences, & sur-tout de la Médecine, qui, selon vous, est *souvent conjecturale.* Qu'opposez-vous aux Médecins à prestiges ? Un Chanoine de Ratisbonne & un Médecin Irlandois. Le *Gassner*, dont il est tant parlé, a profité de la superstition, &, opérant avec un vêtement consacré aux usages de la Religion, il a dû être soupçonné d'en avoir abusé pour établir son empire : cela est prouvé parmi les gens instruits.

Mais *Greatrakes*, moins connu, mérite quelque attention : soit qu'il fût persuadé d'une révélation divine, qui lui donnoit la faculté de guérir, soit qu'il ait employé ce prétexte pour faire valoir ses prétentions, il est vraisemblable qu'avec un appareil imposant, il eût fait des

profélytes , & eût pu être comparé à M. Mefmer. Peut-être auroit-il attiré l'attention des
Anglois observateurs qui s'en feroient occupés ;
peut-être aussi cette méthode pénible à pratiquer, & qui paroît éloignée des principes adop-
tés depuis si long-temps , leur a fait juger le
Docteur Irlandois , à son extérieur simple ,
comme un sot, ou du moins comme un fou ,
& les guérisons qu'il a opérées, comme des
faits isolés, dont ils n'ont pas cru devoir rechercher la vérité.

On doit sans doute *être en garde contre de fausses
observations :* on les évitera sûrement, avec des
yeux bien attentifs & non prévenus, & avec
un temps suffisant & essentiel pour en appré-
cier *la valeur* & en *sentir la nature particuliere.*
On court risque, sans cela, *de faire de faux
raisonnemens.*

Des faits bien observés peuvent seuls conduire les Médecins à perfectionner une pratique
nouvelle, & en retirer une théorie satisfai-
sante ; ils doivent donc se hâter lentement
pour prononcer qu'il *n'en résultera , ni pour la
Phyfique , ni pour la Médecine , de nouvelles connoissances.* Il n'est donc pas étonnant que les
Savans de Berlin n'aient pas adopté une doctrine qui contrarie la Physique actuelle. Tous
les Savans de l'Europe en feroient de même ;

mais qu'eſt-ce que cela prouve contre l'exiſtence d'un fluide animal ou d'un agent quelconque ?

Vous reconnoiſſez enfin l'exiſtence des émanations & la puiſſance de leur action, ſi bien traitées dans la Phyſique de Boïle. Il eſt preſque impoſſible, dites - vous, de décider ſi les effets attribuables à ces effuſions exhalantes, & ſur - tout à la *tranſpiration inſenſible*, ne pourroient pas être produits également *par la chaleur de la main*, & les *mouvemens de l'air déplacé*, & les *frictions*, & l'*imagination*. Pour peu que vous veuilliez bien fixer votre attention ſur tous les fluides inviſibles qui nous environnent, & bien réfléchir ſur la ſubtilité prodigieuſe des émanations, vous deviendrez plus corpuſculaire que moi.

Pour répondre aux doutes réfléchis de cet Ouvrage, qu'il me ſoit permis de propoſer les miens : 1°. Je doute que la tranſpiration inſenſible puiſſe ſe communiquer d'homme à homme par le ſimple attouchement : n'a-t-elle pas beſoin du véhicule de l'air pour pénétrer dans un autre corps par les organes de la reſpiration, ou par les narines, les yeux & les oreilles, &c., comme tous les miaſmes en général ? Les pores de la tranſpiration inſenſible, ſi nombreux, au rapport de *Sanctorius*, & tous les autres que *Leuwenoek* a oſé calculer, ne ſont-ils

pas

(97)

pas tous exhalans ? L'anatomie raifonnée d'après
la ſtructure des parties, nous apprend que, par
le méchaniſme de nos fonctions, toutes ces
excrétions ſont pouſſées au dehors, & qu'une fois
ſorties, elles ne peuvent rentrer par les mêmes
pores, & que ſi ceux-ci ſont trop comprimés ou
reſſerrés par une cauſe quelconque, ces vapeurs
y ſont ſuſpendues & arrêtées, &c. Si l'on pouvoit ſuppoſer des effets par la tranſpiration inſenſible, il faudroit une communication plus
intime que celle employée par le Magnétiſeur.

2°. *Que les opérations du Magnétiſme ſoient*
des aſperſions aériennes, & que ces mouvemens com-
muniqués à l'air puiſſent produire de grandes impreſ-
ſions. Je n'ai jamais regardé dans les Magnétiſeurs
les plus geſticulans ces mouvemens d'*aſpergès*
comme fort néceſſaires : d'ailleurs les goupillons
ou aſperſoirs plongés dans le fluide aérien, & mus
avec la plus grande force, ne doivent pas faire
pénétrer l'air dans les pores de la peau, & ne
frapperont jamais les houpes nerveuſes, juſqu'à
cauſer une diſtraction inégale dans les fibres
nerveuſes, & à étonner les eſprits ; ils ſeroient
donc incapables de produire un état convulſif
par eux-mêmes, quand même il y auroit une
diſpoſition particuliere. Mais, dans les perſonnes
tombées en convulſion, dont les eſprits flotans
& incertains donnent aux nerfs un frémiſſement

général , l'air lancé avec deux doigts , à une distance assez grande , se fait sentir aux expansions des houpes nerveuses , & le malade y porte machinalement la main ; c'est alors que les aspersions aériennes , jetées avec force & avec tous les doigts , seroient plus utiles qu'inutiles.

Ne voyons-nous pas tous les jours dans des affections spasmodiques , l'air intérieur dilaté au point de causer des gonflemens très-sensibles dans tous les individus ? L'air extérieur , lancé & dirigé avec force , ne pourroit-il pas produire une pression forte & proportionnée sur les organes dilatés , & rétablir l'équilibre de l'air intérieur avec l'extérieur ? Ce moyen est vraisemblable , & du moins conforme à la saine Physique.

3°. Que le simple toucher & les frictions douces & légeres des Médecins opérans puissent produire *des impulsions assez vives aux plexus nerveux situés dans l'épigastre* , & qui répondent à tous les nerfs du corps humain. Il est des personnes si sensibles physiquement , que l'idée d'attouchement , ou les moindres gestes , sont capables de les faire sauter en l'air : jugez de l'impression que pourroit faire sur elles celle *des frictions douces ;* le mot seul est par lui-même bien chatouilleux. . . . . Cependant il est de fait , que ces mêmes individus , quand ils sont

prévenus qu'on va les toucher, & lorfqu'ils éprouvent ces attouchemens légers & ces frictions
légeres , ne démontrent pas la moindre fenfibilité , & ont éprouvé au traitement des évacuations , ou par l'expectoration , ou par les fueurs,
ou par les felles , fans aucun mouvement con-
vulfif, mais comme une crife de la nature. L'on
pourroit même affurer que les perfonnes dont
les nerfs font fi mobiles , font fouvent les moins
fujetes aux convulfions. L'expérience même a
confirmé cette opinion.

La mobilité, & ce qu'on nomme *vibratilité* des
nerfs , ne peut être la caufe prochaine des convulfions. La vibratilité fuppofe toujours deux
mouvemens ifochrones & des ofcillations égales;
celles-ci font - elles accélérées ? l'activité des
fluides fera plus grande , la circulation générale
fera augmentée, &c. : de-là une plus grande
chaleur & la fievre, feule capable de guérir
les convulfions : de-là la vérité de cet apho-
rifme., *febris convulfioni fuperveniens malum folvit.*
L'ataxie nerveufe, ou ce mouvement irrégulier
des efprits animaux , & la diftraction inégale
des fibres nerveufes , font les feules caufes
prochaines de tous les mouvemens convulfifs.

Si l'impulfion communiquée aux plexus par
un *attachement foutenu* , & *par la chaleur de la
main*, doit y attirer une plus grande quantité

d'efprits ; il eft auffi vraifemblable , par la communication de ces plexus liés avec tous ceux
du corps humain , de découvrir une fenfibilité
réelle & douloureufe dans une partie engorgée,
& qui eft affectée depuis long-temps. La moindre diftraction des fibres nerveufes fera douloureufe dans l'endroit malade , tandis qu'elle fera
à peine fenfible dans les parties faines. Je regar-
dois auffi ces opérations comme une pierre-de-
touche , & je voulois l'éprouver comme indi-
cateur du fiege d'un mal obfcur fi fouvent
pour nous ; car *le corps humain eft la machine la
plus compliquée, & un abîme obfcur de difficultés ,
qu'on ne peut approfondir ni pénétrer.*

Je ne poufferai pas plus loin mes doutes ,
mon cher Confrere : les procédés les plus ex-
traordinaires , les promeffes , l'enthoufiafme,
enfin , tous les appareils auroient pu en impo-
fer , j'en conviens ; mais des Médecins ni des
Philofophes ne doivent s'y arrêter. Je ne m'arrêterai pas davantage fur l'imagination ; nous
ne devons pas la pouffer jufqu'à la *phantafia :*
contentons-nous de celle qui nous anime tous
deux de contribuer au progrès de la Médecine,
s'il eft poffible. Ainfi, fans prendre la même
voie , je puis comparer mon imagination à la
vôtre , jufqu'à un certain point ; & fi votre
efprit & vos talens voyageoient avec la mienne,

je ferois fûr d'arriver , pour le moins , auffi promptement & auffi fûrement que vous.

Toutes ces phrafes, me direz-vous, ne prouvent point un agent nouveau. Je n'ai garde de vous en propofer un nouveau ; ce fluide animal a exifté de tout temps : plus fubtil que les vapeurs excrétoires animales & aériennes , & que toutes les émanations , il eft feul capable de pénétrer fans preftiges d'un corps à l'autre. La chaleur de la main & les frictions légeres doivent y contribuer en augmentant la fenfibilité des houpes nerveufes , qui ne font que les expanfions des fibrilles nerveufes, dans lefquelles doit réfider le fluide vital , & y être toujours préfent.

Vos recherches favantes , mon cher Confrere , n'ont rien *ajouté aux Sciences* , & fur-tout à la Philofophie. Faites pour être lues de tout le monde , vous avez eu l'air de préfenter votre opinion par des doutes , & la crainte des abus , pour juftifier les hiftoriettes dont vous les avez enrichies : votre objet eft rempli , & il n'y a rien à dire. Il feroit poffible que votre Ouvrage, fans avoir déterminé le jugement des Commiffaires Médecins , eût accéléré leur Rapport ; je ne puis m'empêcher de vous faire ce petit reproche (1) avant de le quitter. Si j'en ai

____

(1) J'ai bien encore un petit reproche , moins férieux

G iij

mérité quelqu'un de votre part, feroit-ce celui d'avoir fuivi le précepte de Maxwel, quoiqu'un peu tard ? C'eſt *aux Médecins*, dit - il, *à voir combien cette méthode peut contribuer à perfectionner le traitement des maladies.*

---

il eſt vrai, mais qui demande plus de difcrétion. Je vous demande tout bas, fi les deſſeins variés que vous avez tracés de nos *jeunes Médecins*, de leurs regards & attitudes vis-à-vis des femmes, ne peuvent pas produire encore plus que l'imagination, des penſées laſcives, des affections fenſuelles, &c. &c. &c..... Ce n'étoit pas votre intention fans doute ; mais il eût été plus prudent de laiſſer ces peintures derriere la toile, & alors votre objet n'en eût pas été moins rempli.

REFLEXIONS

Sur le premier Rapport des Commissaires nommés par le Roi.

IL étoit facile de prévoir le jugement des Commissaires nommés par le Roi, après l'Assemblée tenue chez M. *Deslon*. L'adoption de la doctrine Mesmérienne, & une théorie médicale & pratique, réduite en un aphorisme général, ont pu révolter des Physiciens & Médecins éclairés. Des questions faites à M. *Deslon* qui ne cessoit de répondre : Messieurs, vous observerez par vous - mêmes ; il faut attendre ; & tous les refrains continuels de ces Messieurs, sans en excepter M. le Lieutenant - Général de Police, *Attendons, attendons donc*..... donnoient lieu à tous les assistans de présumer au moins qu'on ne se prêteroit pas volontiers à une Médecine expectative. Elle n'a pas encore beaucoup de partisans, ni de protecteurs assez puissans pour la mettre à la mode. Il faut espérer qu'elle aura son tour. *Patientia vincit omnia.*

M. Deslon s'est engagé avec les Commissaires à constater l'existence du Magnétisme animal, à

communiquer ſes connoiſſances ſur cette découverte,
& à en prouver l'utilité dans la cure des maladies.

Mais, pour obſerver ſes effets ſur les corps animés, ce Médecin inſiſtoit ſur une action long-temps continuée de ce fluide, & de ſes effets curatifs dans le traitement des maladies, & excluoit entierement ſes effets momentanées ſur l'économie animale.

L'incertitude des médicamens, & la puiſſance de la Nature ne peuvent être démontrées avec plus de certitude, de préciſion & de clarté que dans ce Rapport. Perſonne ne les contredira. Mais, pour un exemple donné, on en fourniroit mille par an, en parcourant nos provinces & nos villages ; on pourroit même, à Paris plus qu'ailleurs, en donner de ceux où « la » Nature, malgré le mauvais régime & un » traitement contraire à la ſaine pratique, a » triomphé à la fois & du mal & du remede ».

Juſqu'ici le Public rend juſtice à la vérité. Que penſera-t-il de la politique de MM. les Commiſſaires dans leur façon d'agir & de raiſonner. Ils ont obſervé au traitement public, » que, parmi le nombre des convulſions, il y » avoit beaucoup de femmes & peu (1) d'hom-

---

(1) Il faut noter que, ſur cent malades ou environ, il ſ'en trouvoit ſeize au plus, en y comprenant trois ou quatre

» mes ». Enfuite ils ont jugé « que le traite-
» ment public ne pouvoit devenir le lieu de
» leurs expériences. La multiplicité des effets ,
» la peur de gêner ou de déplaire à des Malades
» diftingués...» les ont déterminés à fe retirer
pardevers eux pour faire des obfervations particulieres.

Conféquemment ils ont arrêté , que « leur
» affiduité au traitement public n'étoit pas né-
» ceffaire , &c...... Ils fe font propofés de
» faire des expériences fur des fujets ifolés ,
» parce que le traitement des maladies ne peut
» fournir que des réfultats toujours incertains
» & fouvent trompeurs ; & parce qu'il faudroit
» une infinité de cures & l'expérience de plu-
» fieurs fiecles pour diffiper cette incertitude ,
» & compenfer toute caufe d'illufion ». Encore
une fois , que penfera le Public de ces motifs
captieux ?

« *Que les Médecins ou la Médecine guériffent les*
» *maladies* , peu nous importe , dira ce même
» Public aux Commiffaires ; nous defirons être
» guéris : fi l'un & l'autre ne peuvent foulager
» nos maux , laiffez-nous la liberté d'avoir re-
» cours à une pratique dont les effets ne font

---

hommes , qui tombaffent en convulfion , ou ce qu'on appelle *crifes.*

» pas dangereux, s'ils font inutiles. Vous vous
» êtes chargés de faire des obfervations fur cette
» méthode ; à peine vous donnez-vous le temps
» de l'examiner, & vous femblez vous méfier
» de vos Confreres, à qui le fuccès ou le peu
» d'avantages de cette méthode eft indifférent,
» qui defireroient feulement trouver un moyen
» de plus en Médecine, & un remede plus
» agréable aux Malades.

» Si M. *Mefmer* a eu tort de ne pas accepter
» *la cure des maladies*, pour prouver l'efficacité
» de cette pratique, la récrimination eft-elle
» bien placée vis-à-vis un de vos Confreres ?
» & cette excufe peut-elle fuffire à la Nation ?
» Eft-ce par des expériences ifolées que vous
» prouverez, & le néant de cette découverte,
» & l'erreur de M. *Deflon ?* Quel eft donc votre
» objet ? Celui de votre Commiffion n'étoit
» point borné, & il ne pouvoit l'être. C'eft
» M. *Deflon* qui l'a demandée au Miniftre ; il
» a fait paroître de la bonne foi, & vous
» l'avez reconnue, & de la confiance dans vos
» lumieres, & vous l'aviez acquife même parmi
» tous les Médecins ! Ne méritoit-il ni complai-
» fance ni indulgence de votre part, & ne
» deviez-vous pas lui accorder la juftice de fa
» demande ?

» Plus une commiffion eft importante, moins

» il faut épargner de moyens & de temps
» pour la bien remplir. Quel étoit donc votre
» objet enfin, pour mettre tant de célérité,
» comme s'il s'agiſſoit d'arrêter une peſte, ou
» de ſauver la vie à des malheureux prêts à
» périr ! Vous avez beau faire & beau dire, ſi
» cette méthode n'empêche pas de mourir, elle
» ne tuera perſonne : on l'a dit, & nous le
» croyons. Des moyens prompts ne doivent
» être employés que pour réprimer les abus
» & l'enthouſiaſme des demi-ſavans, pour
» avertir les Médecins de ſe méfier des têtes
» exaltées, & de ſe garder d'exciter des
» convulſions qui agiſſent par *des moyens violens*
» *& ſouvent deſtructeurs*. Voilà l'objet ſur lequel
» devoit tomber votre tonnerre.

Ne faiſons pas parler le Public plus long-
temps. Le déſeſpoir des Malades qui n'ont point
été guéris par les remedes, & l'eſpoir d'une Médecine innocente les rend quelquefois injuſtes.

Qu'il me ſoit permis cependant de faire de
très-humbles repréſentations ; je ſuis ici pour
mon compte.

« MESSIEURS, prévenus pour ou contre
» l'exiſtence d'un fluide, vous ne pouviez vous
» diſpenſer de vous aſſurer par vous-mêmes ſi
» ſes effets étoient ſenſibles. Je me ſuis fait

» magnétiser comme vous, plusieurs fois , &
» en public , & en particulier ; quoique *d'une*
» *constitution peu robuste , & sujet à des variations*
» *assez fréquentes* , je n'ai rien senti, si ce n'est
» une traînée de chaleur , lorsque j'en avois
» moins que le magnétisant, & une de fraî-
» cheur , si j'en avois plus que lui ; & cela, la
» communication réciproque étant bien établie ,
» en promenant le doigt à un pouce plus ou
» moins de mon visage , & des autres parties, &
» très-lentement ; de sorte que les effets de cette
» traînée aussi doucement dirigée , ne peuvent
» être attribués spécialement à un mouvement
» ou à un déplacement d'air sensibles. Comme
» Observateur, je n'ai considéré dans cette action
» qu'une chaleur communiquée ; dès-lors, me
» suis-je dit , ce Magnétisme est un fluide ani-
» malisé. Allons en avant, & ne nous occu-
» pons plus qu'à reconnoître s'il est utile dans
» le traitement des maladies, & par des effets
» suivis & continués , & nous tâcherons d'en
» démêler les causes ». Ainsi je raisonnois au
mois de Mai 1784.

» Je me suis attaché au traitement du matin,
» dans une salle particuliere de 20 à 25 personnes,
» parmi lesquelles il y avoit de vrais malades.
» Je n'y ai jamais vu qu'une ou deux fois un
» des Commissaires Médecins qui ont signé ce

» Rapport. Cependant, Meſſieurs, vous y auriez
» obſervé en ſilence & ſans criſes quelques
» effets réels de là communication d'un agent,
» autres que ceux de l'imagination ; vous y
» auriez pu fixer vôtre attention ſur des par-
» ticuliers, ſans être interrompus, & ſans crain-
» dre de les fatiguer, & par vos queſtions, &
» par votre aſſiduité ; vous y auriez rencontré
» des Médecins, dont pluſieurs de vos Confre-
» res, *Régens* ou *non Régens* ; vous y auriez
» vu là bonne foi de ceux-ci & de preſque
» tous les Malades ; vous y auriez reconnu
» le ſang-froid de l'Obſervateur & le degré de
» confiance de chacun dans cette méthode ;
» vous y auriez remarqué l'inutilité de certaines
» geſticulations, & le peu de néceſſité de l'ob-
» ſervation des poles ; chacun de vous y auroit
» pu & dû opérer *par une fidélité ſcrupuleuſe ,*
» *& ſur-tout pour dire la vérité ;* vous y auriez
» fait comme dans les Hôpitaux ; des compa-
» raiſons néceſſaires & relatives à des affections
» ſemblables ou diſſemblables dans pluſieurs
» ſujets, & à la différence des ſenſations & de
» leurs effets ſur les uns & les autres ; vous y
» auriez reconnu enfin le peu de certitude des
» eſſais iſolés ; & je ne ſerois point étonné qu'il
» fallût un demi-ſiecle (1) pour que ces ſortes

______

(1) Fallût-il un ſiecle pour avoir des réſultats certains

» d'essais puffent acquérir quelque certitude,
» & *compenser toute cause d'illusion* ».

L'amour du bien général & de la vérité donne aux Médecins le courage de tout voir, & de ne point se lasser d'examiner. Auffi des Miniftres de santé, remplis de leurs devoirs, éclairés par leurs expériences, font-ils en état de juger de ces cas rares, où des secouffes peuvent être utiles : leur prudence *à obéir à la néceffité*, & *leur économie* à les employer, ne peuvent être conteftées.

Le Magnétifme animal eft une *chimere, une vieille erreur*. Les Commiffaires n'ont obfervé que l'*ancien Magnétifme* dans celui de nos jours ; mais un examen fcrupuleux & réfléchi d'effets réels fans convulfion, fans illufion, & fans imitation, prouve affez l'exiftence d'un fluide animal fufceptible de fe communiquer, *de répandre le calme dans les fens, de rétablir l'ordre dans les fonctions, & de ranimer par l'efpérance*. L'efpérance

de nouvelles expériences, les Médecins, par leur état, & par l'amour du bien général, ne devroient-ils pas s'occuper d'établir un degré qui puiffe conduire à l'évidence ? Si ce ne font pas ceux de ce fiecle, ce feront leurs fucceffeurs, qui, de degré en degré, pourront parvenir à la vérité. La génération d'Efculape fe renouvelle tous les jours, foit en ligne directe ou indirecte. Ah ! foyons généreux envers notre poftérité.

donne la foi aux hommes ; la foi des Malades ranime la charité du Médecin : cette vertu, qui fait aimer fon prochain comme foi-même, fortifie de plus en plus l'imagination, fi utile à l'un & à l'autre pour la guérifon Ainfi, ces trois vertus antiques & modernes contribuent effentiellement *à Jauver en Médecine.*

Mais il falloit des effets prompts & vifibles ; les Commiffaires les ont trouvés dans les crifes. Peut-être auffi s'eft-on trop attaché à fixer leur attention fur ces fortes d'affections fpafmodiques : quand cela feroit, ces fortes d'accès, fouvent fymptomatiques, ne doivent étonner ni Médecins ni Phyficiens. Dès-lors les preuves de l'exiftence d'un agent fenfible pour les uns, infenfible pour les autres, devoient être abandonnées pour l'inftant ; on auroit calculé celles de fon utilité ou inutilité par des expériences fucceffives & continuées ; *car les faits font plus démonftratifs que le raifonnement, & ont une évidence qui frappe davantage.* Difons plus : les faits en Phyfique & en Médecine peuvent feuls nous conduire à l'évidence ; & le raifonnement fert fouvent à nous en éloigner. Et alors on auroit dit, *le Magnétifme peut être utile,* fans une preuve phyfique & abfolue de fon exiftence ; *s'il n'exifte pas, il ne peut être utile ;* & alors nous aurions dit : Nous regardons ce fluide comme celui des efprits animaux, dont la Nature fe fert pour faciliter fa marche, quand elle eft embarraffée; & peut-être les Commiffaires auroient-ils dit : Abandonnons la cure de quelques Malades à la pratique du *Magnétifme animal*, comme à la Nature même. Examinons fi cette méthode peut la fecourir fenfiblement & plus fûrement que les médicamens intérieurs, ou du moins à foutenir l'action de ceux-ci & en affurer le fuccès (1).

Cette marche auroit été plus certaine, & les expériences auroient fourni *des réfultats moins trompeurs*. Cette impartialité n'eût point excité la fenfibilité, ni irrité l'imagination d'un citoyen eftimable & refpectable à tous égards, & recommandable par fon éloquence, fon jugement, & la févérité dans fes devoirs (2).

---

(1) On entre-mêloit par-ci par-là des médicamens intérieurs, quand on les jugeoit néceffaires, avec cette méthode pour fe prêter un fecours mutuel. MM. les Commiffaires l'ont-ils ignoré ? ils n'en ont pas dit un mot.

(2) Il a beau fe cacher, fa province, *qui ne radote point*, nous l'a dépeint de façon à le reconnoître par-tout. Il eût defiré, comme Magiftrat, trouver de l'équilibre & de l'harmonie dans tous les corps ; il cherche aujourd'hui à rétablir l'un & l'autre interrompus dans fon propre phyfique. Il a cru retrouver ce moyen dans une méthode différente de la pratique de la Médecine actuelle. Eft-il étonnant qu'il l'ait défendu avec tant de chaleur & d'enthoufiafme, avec un ftyle vif & piquant, & quelques rai-

On

On lit dans les Doutes de ce Provincial, qu'*il n'y a point de bonne Médecine, ou que les moyens de la difcerner nous manquent, de l'aveu même des Médecins.* Comment ! les Médecins lui ont fourni des armes pour combattre la Médecine ! Ce feroit pouffer la générofité trop loin. Avec quelle énergie il cherche à les ramener fous les loix de la Nature ! Avec quel empire il la fait parler, en lui prêtant une voix douce & pénétrante ! Avec

---

fonnemens fi ferrés, fi concluans ?.... En vérité, tout Médecin que je fuis, j'ai bien eu de la peine à réfifter à quelques impreffions ; & nous devons nous eftimer fort heureux fi la plûpart des lecteurs, avec la plus ferme volonté de ne pas reconnoître des vérités dans fes doutes, ne prennent à la fin fes doutes pour des vérités.

J'ai été flaté, il eft vrai, de rencontrer, dans un homme de génie, mes idées fur les efprits animaux, ma façon de penfer fur l'efprit de Corps en général, & fur l'efprit, les talens & les qualités fociales de tous mes Confreres. Cet amour-propre eft d'autant plus pardonnable, & cette fympathie doit être d'autant moins fufpecte, que je n'ai pas l'honneur de le connoître, & je ne me rappelle pas l'avoir jamais vu.

Un Docteur s'eft avifé de répondre à l'Auteur des Doutes. Je n'ai point cherché à le deviner. Il dit en général des chofes affez raifonnables ; mais il prend un ton élégiaque, pour plaindre les jeunes Médecins qui, à force de fueurs & de peines, cherchent à acquérir toutes les connoiffances néceffaires ; comme fi ces connoiffances n'étoient pas utiles à un Médecin qui admettroit dans fa pratique un peu de magnétifme.

H

quelle vraisemblance elle fait des reproches à ses Disciples! S'ils les méritent, ils doivent les supporter avec courage, mais avec humble résignation; s'ils ne les méritent pas, les conseils dictés par l'Auteur n'en sont pas moins ceux de la Nature.

En voulant justifier la doctrine du Magnétisme animal, cet Auteur n'a-t-il pas peint la Nature même, telle que la définissent aujourd'hui les Philosophes, les Physiciens & les Naturalistes ? Ce qu'ils appellent *Natura naturata*, est *un tout qui se tient dans l'Univers*, subsistant *par l'accord, la liaison & la correspondance de toutes ses parties.* . . . . . . *Tout est soumis à cet ordre universel, &c.* N'est-il pas conséquent d'admettre un corps, une substance, ou un fluide, comme on voudra, dont se sert la Nature pour cette liaison & correspondance de toutes ses parties, & modifier tous les êtres qui couvrent la surface du globe terrestre ? Je crois bien qu'il en est de même de ceux du globe céleste; mais cette partie est au-dessus de mon district. On assure d'ailleurs que la charlatanerie a de tout temps fait tomber du ciel la plupart de ses secrets; & je crois très-fortement que, ni l'influence des astres, ni les secrets, ne peuvent donner l'immortalité.

Contrà vim mortis non est medicamen in astris.

Les accufations de cet Auteur contre la Médecine font outrées ; il femble lui - même en convenir. C'eft un malade agité, furieux, qui a cru lire un Rapport contre nature. Ayant pris l'agent de la Nature pour fon Médecin, il le défend de toutes fes forces ; il y auroit de l'injuftice à ne pas excufer fes reproches.

Ne pourroit - on pas reprocher auffi aux Commiffaires des affertions un peu déclamatoires ? Pourquoi vouloir imputer l'irritabilité des organes à des preffions légeres fur le colon, à de fimples attouchemens fur le creux de l'eftomac, à peine capables de procurer une évacuation ? Je dis preffions légeres, parce qu'elles fuffifent pour la communication. Il auroit donc fallu obferver cette méthode de plus près & plus long-temps, pour fe garder de toute prévention.

De la prévention on paffe naturellement à l'imagination. *Sans attouchement ni préffion, l'imagination a des reffources pour produire tout par elle-même.* En effet, cette puiffance de l'ame conduit les hommes dans toutes leurs démarches. C'eft elle qui a produit toutes les fingeries de M. *Jumelin* (1) ; c'eft elle qui a fourni

______

(1) Ce Médecin, plein de connoiffances & du defir de s'inftruire, eft parti avec M. le Marquis de Choifeul-Gou-

l'effai fait par les Commiffaires fur cette pauvre aveugle. N'y avoit-il pas de la confcience à tromper une aveugle ? Et fi, par hafard, ces Meffieurs s'étoient trompés dans leurs conjectures ! mais non ; ils ont trouvé ce qu'ils cherchoient.

Parmi tant d'exemples des effets de l'imagination ou d'une confiance bien déterminée, je vais leur en communiquer un affez frappant.

Les Médecins avoient femblé négliger dans leur pratique les frictions & les exercices des membres, une des parties les plus effentielles de la gymnaftique médicale. Arrive un Médecin fameux, déja connu par l'inoculation ; un Eleve de *Boerrhaave*. Il infpire de la confiance, & par fa place, & par lui-même. La fermeté de fes décifions montoit l'imagination de ceux qui le confultoient. Il confeilloit aux femmes fur-tout les exercices & les mouvemens des bras & des jambes, & des frictions fur *l'abdomen*. Elles s'en font prefque toutes bien trouvées. Une Dame de grande qualité fe faifoit frotter pendant une heure & plus ; deux

---

fier, notre Ambaffadeur à la Porte. Il a beau faire, le Magnétifme le fuit par-tout. Peut-être celui du Levant fera-t-il plus fenfible pour lui que celui de l'Occident. Il voudra bien nous communiquer fes obfervations.

de ſes femmes la frottoient l'une après l'autre, comme il leur avoit été indiqué , & ne l'épargnoient pas , comme elle le deſiroit ; auſſi ne ſe plaignoit-elle jamais. Après pluſieurs frictions, il s'étoit formé une croûte ſur la capacité du bas-ventre, dont la Maîtreſſe ne ſe doutoit pas , & dont ſes femmes s'étoient à peine apperçues : cette Dame exiſte , & ſe porte très-bien ; du moins je le deſire.

Mais l'imagination agiſſant dans un traitement public , &c. . . . . les Malades y ſont raſſemblés dans un lieu ſerré. L'air chaud , quoique renouvelé , eſt toujours plus ou moins chargé du gaz méphitique , &c.

Imagination à part pour un inſtant , quelle funeſte idée de la plupart de nos Hôpitaux nous retrace cet apperçu ! De ces refuges ſi précieux à l'humanité ſouffrante , & ſur-tout de l'Hôtel - Dieu , où les Malades ſont ſi ſerrés, *relativement à leur nombre !* Pauvres malheureux ! ne vous effrayez point ; le Gouvernement s'eſt occupé de rendre les Hoſpices plus ſalubres , & par la forme des ſalles , & par un renouvelement d'air ſucceſſif , & par une étendue ſuffiſante & proportionnée au nombre (1).

____

(1) Pluſieurs ſalles nouvelles déja conſtruites à l'Hôtel-Dieu , ſans celles qu'on ſe propoſe d'y ajouter , ſont dues aux vues bienfaiſantes des Miniſtres. M. *Colombier* , notre Confrere , a contribué à ces changemens ſalutaires , & y

Quoiqu'on n'ait pas eu deſſein de comparer ce tableau avec celui d'un traitement public dans une grande ſalle où 25 à 30 perſonnes ne ſont pas fort ſerrées, & où les fenêtres ſont preſque toujours entr'ouvertes, où on ſéjourne 3 à 4 heures au plus, & où on ne couche point; il eſt cependant vrai de dire que ce tableau eſt placé dans un jour à inſpirer quelque crainte. Il doit en inſpirer dans nos repréſentations théatrales, & juſques dans les *clubs* ou ſociétés nombreuſes; *car, ajoute-t-on, l'imagination excitée par des imaginations environnantes..... & la muſique... C'eſt un moyen de plus pour agir ſur les nerfs & pour les émouvoir.*

Au milieu de ces terreurs paniques, je demande grace pour cette ſcience qui développe les proprietés des ſons, & regle les mouvemens de la danſe; cette mélodie qui flate nos oreilles & preſque tous nos ſens; cette harmonie qui, par ſes accords, peut entretenir ou rétablir l'union & les rapports ſi néceſſaires dans toutes les parties de l'économie animale. Les Anciens en ont bien connu les avantages, & l'ont ſouvent employée comme un moyen de plus en Médecine.

---

contribue par ſa place, qu'un Miniſtre populaire a créée pour le bien de l'humanité,

La Mythologie n'eſt pas ſimplement une allégorie; elle eſt encore l'enveloppe myſtérieuſe des vérités de l'Hiſtoire ancienne. *Apollon* n'eſt-il pas le Dieu de la Médecine & l'Inventeur de la Muſique ? *Minerve* n'eſt-elle pas repréſentée avec le bâton d'*Eſculape* dans un Panthéon, à Rome, ſous le nom de *Minerva Medica* ; & ſa ſtatue, faite par *Demetrius*, & placée dans le temple de Jupiter Olympien, n'étoit-elle pas repréſentée par les *Mégaréens*, ſous le nom de *Minerva Muſica* ? Ainſi, les Fables, quoique défigurées ſouvent par le grand nombre d'ornemens, ſont bâties en général ſur le fondement de la vérité.

C'eſt aſſez de la *Théogonie* médicale ; ne perdons point de vue *l'Antopſie* oculaire & auriculaire, ſans laquelle il n'y auroit ni bonne Médecine ni bonne Muſique. Si la Muſique a été miſe en uſage pour la curation des maladies, & conſacrée à des affections particulieres, pourquoi n'auroit-elle pas contribué pour ſa part à la guériſon des deux glandes de Mademoiſelle G..... & à en déterminer une réſolution plus prompte ? Ces petites tumeurs au ſein droit, étant jugées *ſuſceptibles de réſolution* par MM. *Bouvart* & *Sallin*, ils avoient conſeillé la diſſipation *avant de commencer les remedes. Quinze jours après, elle fut priſe, à l'Opéra, d'une toux violente.* . . . . *& cracha*, *pendant l'espace de quatre heures*, *environ trois pintes d'une lymphe glaireuse.* Une heure après, on ne trouva plus *aucun vestige de glande.* La promenade, la musique, & peut-être la chaleur même du spectacle, ont été des moyens suffisans de réfolution. La Nature, en maîtreffe habile, faifit tous ceux qui lui conviennent. Ainfi, on ne peut trop louer ces deux Praticiens d'en avoir été les miniftres intelligens.

Sans aller chercher dans chaque fiecle les guérifons par la feule Nature, je vais en citer une, que la Nature vient d'opérer, malgré la Médecine & les Médecins. Une Dame de très-haute qualité étoit tourmentée par des mouvemens convulfifs depuis plufieurs années. Tous les grands Praticiens, & ceux dont la réputation eft fondée fpécialement fur la connoiffance de ces fortes d'affections, ont été confultés. On a mis en ufage les rafraîchiffans, calmans, &c. On a peut-être mis à contribution les quatre élémens & les trois regnes de la Nature fans aucun fuccès. Elle avoit renoncé à tous remedes, lorfqu'elle fut furprife, il y a environ cinq à fix mois, par la petite-vérole. Elle a fans doute été très-bien traitée ; mais le fait eft, que toutes ces petites fuppurations, bien établies & bien détergées, ont détruit la caufe matérielle des fecouffes les plus violentes. On m'a fort affuré que cette charmante Princeffe n'avoit pas eu depuis la plus légere attaque (1).

---

(1) Cette hiftoire me rappelle une guérifon à laquelle j'ai eu le bonheur de contribuer, il y a environ 26 ans. Un de mes amis m'emmena à 24 lieues d'ici, voir fa mere malade. Les habitans du canton profiterent de la préfence d'un Médecin de Paris pour venir le confulter. Je vis entr'autres une fille de 17 ans, attaquée de convulfions très-fortes depuis l'âge de 11 à 12 ans, quoiqu'affez bien réglée dès treize. On n'avoit rien négligé pour la foulager ; & on lui avoit prefcrit tous les anti-fpafmodiques connus. A peine put-on me rendre compte des incommodités particulieres de fon enfance. Elle avoit eu la petite-vérole dès 4 ans. Comme fille d'un Forgeron, elle alloit très-fouvent au feu de la forge, auffi leftement habillée que fon pere en travail : elle en fortoit même dans l'hiver, étant en fueur : fes fueurs étoient fouvent interceptées, mais fans autres accidens que des boutons ordinaires, & qui fe diffipoient fans la plus petite émotion, & l'on m'affura qu'elle n'avoit jamais eu de fievre d'aucune efpece. Voilà tout ce que j'appris. Alors je me déterminai aux moyens de lui donner la fievre ; mais tout le monde ne goûta pas ces moyens : je propofai alors de lui inoculer la gale ; on accepta cet avis : on redoute moins, dans ce pays, la gale que la fievre : ne difputons pas des goûts. On amena un Berger galeux ; je fis coucher la fille avec la chemife & dans les draps du féduifant *Tir-cis*, & elle devint Bergere au bout de 24 heures. Je lui prefcrivis une légere infufion d'eau de fureau pour boiffon: les attaques devinrent moins fréquentes de jour en jour, & cefferent au bout de quinze jours, & ne reparurent plus. Je n'autorifai la curation de la gale qu'au bout d'un mois.

...Si l'illusion de nos fens peut faire des impreffions fans Magnétifme, le Magnétifme peut agir
& agit quelquefois fans l'illufion des fens. MM. les
Commiffaires peuvent fort bien ne pas le croire :
ils ne fe font pas mis à portée de l'obferver ; ils
pourroient cependant s'en rapporter à moi. Je
ne fuis ni menteur, ni trop crédule, ni exta-
tique, ni fomnambule, encore moins fanati-
que ; mais je fuis très-perfuadé que, fans *tam-
bours*, ni trompette, ni *canon*, ni autres effets
capables *d'ébranler les organes*, l'imagination fe
monte jufqu'à l'ivreffe ; alors la prévention ufurpe
l'empire de la raifon, & l'on croit voir les mouvemens des *Trembleurs des Cevennes* jufques dans
les crifes produites par la Nature.

Enfin, fi l'imagination eft un remede, elle
fert de guide au Médecin pour le chercher. Si
cette faculté qui nous fait fentir & agir chacun
à notre maniere, & avec des raifons prefque
auffi probables pour que contre, fervons-nous-
en avec prudence & fagacité pour guérir, chacun felon notre façon de voir & de juger.

Laiffons fur-tout aux femmes, à ce fexe en-

J'ordonnai, avant de partir, les remedes intérieurs, & dé-
fendis de fe fervir de la ceinture contre la gale ordinaire
dans ce pays, ne voulant point hâter la guérifon. Elle s'eft
mariée cinq ans après, a eu plufieurs enfans, & fe portoit
bien en 1778.

chanteur , la puissance morale de sentir , naturelle ou acquise, qui répand tant de graces dans leurs personnes , tant d'agrémens dans leurs discours , & leur dicte cette délicatesse & ces sentimens répandus dans la plupart de leurs écrits. Laissons-leur cette liberté d'agir & de choisir, selon leur tempérament , la partie de la gymnastique qui les flate le plus : allons audevant des doux élans de leur cœur & de leurs desirs , en conduisant leur imagination aux choses agréables & utiles ; ne leur proposons que des remedes agréables (1) , s'il est possible : c'est un moyen de plus , & presque certain , pour gagner leur confiance & leur estime.

Enfin , enfin , MM. les Commissaires ont entendu les principes de M. *Mesmer* chez M. *Deslon*, n'y ont vu que des convulsions , & avoient résolu de juger M. *Mesmer* chez M. *Deslon*. Les Médecins ont saisi avec empressement ce prétexte. Que résulte-t-il de ce Rapport ? Le Public est plus indécis sur cette pratique qu'il ne l'étoit auparavant.

---

(1) *Il y a du danger , dit Celse , à vouloir guérir trop vîte , & à ne se servir que de remedes agréables.* Cette premiere proposition n'est pas contestable ; mais la seconde est trop stricte. Les Médecins , avec les connoissances acquises dans ce siecle , peuvent allier les préceptes d'*Hippocrate* à la pratique d'*Asclepiade.*

MM. les Commiffaires euffent - ils prononcé auffi affirmativement, fi, au difcours lu dans l'Affemblée chez M. *Deflon*, on eût fubftitué celui-ci :

M E S S I E U R S,

» Vous connoiffez le fyftême de **M.** *Mefmer.*
» Nous n'en avons aucun à vous propofer. Des
» Médecins ne doivent ici vous préfenter que
» des phénomenes à obferver.

» Ce n'eft point ici la matiere fubtile de
» Defcartes, avec fa direction d'occident en
» orient, ni celle de l'aiman, dont les corpuf-
» cules vont du nord au fud & du fud au nord.
» Seroit-ce l'éther Newtonien? les Phyficiens ne
» le regardent plus comme caufe de l'élafticité des
» corps, qu'ils attribuent à l'air feul. Cependant
» cette élafticité eft-elle inhérente & propre à
» l'air feul, s'il la perd fouvent, & fi on fait la
» lui enlever, du moins en très-grande partie?
» Quoi qu'il en foit, nous croyons effentiel de
» rappeler combien de tentatives pour ramaffer
» la matiere de l'électricité ont été faites pen-
» dant 60 ans, avant d'être parvenu à démon-
» trer vifiblement & fenfiblement l'étincelle &
» l'action électrique d'un fluide qui agiffoit né-
» ceffairement fur les corps animés, & qui

» électrife parfaitement, fans aucune commu-
» nication avec l'air.

» Nous ne prétendons pas, Messieurs, vous
» apporter une nouvelle découverte, mais une
» méthode plus éclairée, qui, étant fufceptible
» de perfection, doit mériter votre attention.
» Vous ne voyez point en nous des hommes
» pufillanimes, qui marchent dans l'obfcurité,
» ni de ces téméraires, qui cherchent à s'enve-
» lopper de qualités occultes, ni de ces auda-
» cieux qui fe flatent d'affujettir à leur opinion
» des Phyficiens éclairés ; mais vous voyez des
» hommes fages, dont les expériences tendent
» à reconnoître l'action d'un fluide univerfel ;
» des Médecins qui ne fe repaiffent pas de con-
» jectures, cherchent à épier la Nature & à la
» fecourir, & penfent avoir reconnu, dans ce
» fluide qu'on nomme *Magnétifme animal*, l'agent
» de la Nature même.

» Ce fluide animal nous paroît être la caufe
» immédiate de nos fenfations, & la caufe
» premiere de nos mouvemens. Il eft fufcep-
» tible de communication entre deux individus;
» il femble avoir auffi la propriété d'indiquer
» le fiege d'un mal à l'intérieur, en excitant
» une douleur plus fenfible dans la partie où
» il réfide ; tels que l'éternuement, la toux, ou
» autres fecouffes légeres, ont quelquefois

» indiqué le lieu d'un corps étranger ou d'un
» mal caché par une diftraction fenfible de la
» partie engorgée ; & quelques obfervations
» prouvent qu'il guérit peu à peu par des ex-
» crétions imperceptibles ou vifibles, & par
» des évacuations phyfiquement déterminées ;
» qu'il redonne en outre le ton à des organes
» affoiblis & languiffans.

» Ce moyen eft fans doute très-conforme
» aux opérations de la Nature. Elle fe fert de
» cet agent, tel que nous le concevons, pour
» l'exiftence & la confervation de tous les corps
» animés : pourquoi ne s'en ferviroit-elle pas
» pour fuppléer à la trop grande diffipation ou
» à l'égarement des efprits animaux, & remé-
» dier à l'ataxie générale & à l'atonie fubfé-
» quente des fibres qui conftituent·les organes
» faits pour les contenir ?

» En vous rendant compte de nos effais &
» obfervations, nous aurons encore moins la
» prétention de diriger vos expériences; nous
» nous flatons feulement, avec votre fecours,
» de parvenir au degré d'utilité & de perfec-
» tion dont cette pratique peut être fufceptible.
» Placés au milieu de nous, vous devenez le
» centre de nos lumieres; vous foutiendrez nos
» efforts & notre zele pour le bien univerfel.

» Messieurs, vous ne trouverez ici que des

» Médecins ; peut-être feroit-il néceffaire de
» tempérer l'imagination trop active de quel-
» ques-uns ; mais vous les trouverez en géné-
» ral armés contre les preftiges. Vous ne les
» verrez point s'attacher principalement à ces
» explofions fubites & furprenantes aux yeux
» du feul vulgaire, ni à ces fympathies inex-
» plicables, capables d'étonner les Phyficiens
» & les Médecins les plus éclairés : nous les
» regardons avec vous comme ces météores
» dont il faut éviter, calmer ou prolonger la
» durée, felon les bons ou mauvais effets qu'on
» doit en attendre.

» Notre but eft la curation des maladies. Cette
» pratique n'étant pas fort active, la prudence
» exige une action continuée, pour en affurer
» les effets curatifs. Jufqu'ici nous ne l'avons
» pu juger que dans les maladies chroniques,
» encore en eft-il d'incurables même à la Na-
» ture. Plufieurs affurent qu'ils s'en font fervi
» avec fuccès dans les aiguës ; au refte, nous
» n'avons garde de publier cette méthode comme
» la Médecine univerfelle, mais comme un
» moyen de plus de guérir.

» La plupart des affections chroniques font
» rebelles aux remedes prefcrits par les Prati-
» ciens les plus expérimentés. Les malades font
» fi révoltés, & par la longueur du temps, &

» le dégoût continuel d'avaler des drogues ,
» fous quelque forme qu'on les donne ; ils
» defirent des fecours moins pénibles & plus
» flateurs à leur imagination : quel eft le de-
» voir du Miniftre de fanté ? Taxera-t-il fon
» art de manquer de reffources ? Non fans
» doute. Abandonnera-t-il fon malade aux
» efforts de la Nature ? Oui fans doute. Mais,
» fans perdre de vue tous les moyens conve-
» nables, fi elle a befoin d'être fecourue, il
» faura les lui fournir en obfervateur éclairé.

» Le fluide animal eft regardé çomme un
» agent de la Nature ; il fe trouve en tous temps
» & en tous lieux. Le Médecin ne peut s'en
» paffer. Il ne peut être communiqué avec
» avantage par tout le monde. Il n'appartient
» qu'à des hommes inftruits & verfés dans la
» Phyfique & l'Anatomie, & dans la con-
» noiffance des maladies , & même dans une
» pratique réfléchie, de s'en fervir utilement.

Nil prodeft quod non lædere poffit idem.

» En un mot, MESSIEURS, fans nous appuyer
» fur l'incertitude des médicamens intérieurs
» dans les maladies chroniques, nous infiftons
» fur la néceffité de foutenir l'efpoir & la con-
» fiance des malades. Nous efpérons, fous vos
» aufpices, procurer une reffource de plus à la
Médecine.

» Médecine. Seroit-ce une témérité de nous
» flater de parvenir un jour à préferver l'huma-
» nité des fuites fâcheufes d'affections morales
» auxquelles l'affujettit fa propre exiftence »?

Peut-être MM. les Commiffaires n'auroient
pas tant précipité ce Rapport....... Je fuis
défefpéré de ne pouvoir adopter un pareil jugement, figné par les hommes les plus célebres
& recommandables par leurs qualités perfonnelles.

M. *Francklin;* ce nom feul eft une apothéofe.
Ce grand homme a voulu éprouver par lui-
même les effets du Magnétifme. Il n'a rien
fenti, très-heureufement. Sa fenfibilité eût donné
quelque inquiétude fur une fanté fi précieufe.
Efculape, dit-on, n'a été foudroyé que fur les
plaintes continuelles de *Pluton*, qui n'aimoit
pas qu'on reffufcitât les morts. Les Médecins
doivent-ils redouter un pareil châtiment ?....
Quant à moi, je fupplie ce Génie tutélaire de
toutes les Nations, ce Reftaurateur de la liberté
de fes concitoyens, de recevoir l'hommage, le
refpect & la reconnoiffance d'un petit *Machaon*,
qui ne fe croit pas à l'abri de la foudre.

M. *le Roi*, cet Académicien connu principalement par fes Effais fur l'électricité, nous a
prouvé, par des recherches multipliées & fucceffives pendant un temps fuffifant, & deve-

I

loppées dans un Mémoire intéreſſant lu à l'Académie des Sciences, que le *verre pompe le feu
des corps électriques employés à le frotter.* Si, au
nom de *Magnétiſme*, on eût ſubſtitué celui
d'*Electricité animale*, il eût porté une attention
plus ſcrupuleuſe à l'examen de cet agent. Peut-
être auroit il eu la complaiſance de réſoudre
les petites diſcuſſions des Médecins magnétiſans
& électriſans, ſur la préférence des baguettes
de fer ou de verre, dont ils faiſoient un uſage
alternatif. Qu'il me ſoit permis de lui faire une
queſtion. Pour prouver l'action d'un fluide,
même viſible, un Phyſicien pourroit-il ſe con-
tenter d'effets momentanées d'un corps ſur un
autre ? M. *le Roi* ſe contenteroit-il de ces preuves
phyſiques pour faire un Rapport & aſſeoir un
jugement ?

M. *Bailli*, ce ſavant ſcrutateur de l'Antiquité, n'a-t-il pas reconnu que la plupart des
découvertes dont nous nous glorifions, ne nous
appartiennent pas ? Quels ſont les principaux
phénomenes de la Nature, dont les ſyſtêmes,
pour la plupart, ne ſoient renouvelés des anciennes Ecoles ? Quoique la doctrine du Magnétiſme ait été décrite en partie dans quelques
Auteurs, & que des impoſteurs aient pu s'en
ſervir pour des magies ou faſcinations aux yeux
du crédule vulgaire, des Philoſophes & Méde-

cins très-célebres ne s'en font-ils pas occupés?
N'ont-ils pas confeillé des obfervations à ce
fujet pour le traitement des maladies? Mais,
dans quel Ouvrage & dans quel fiecle cette
pratique fe trouve-t-elle décrite? On doit
regretter que M. *Bailli* n'ait eu aucun motif
pour porter fon attention fur le fluide vital &
fur les corps animés d'Hippocrate. Combien de
vérités connues il a fu retirer de l'obfcurité!
& cela, par cette brillante facilité de conce-
voir les chofes, qu'il poffede au fuprême degré!
Avec quel art il fait l'employer pour développer
tous les élans progreffifs de cette Faculté? Avec
quelle élégance académique il a rédigé un Rapport fur des obfervations phyfiques? Malgré tous
fes talens & fa bonne volonté à n'expofer que
des preftiges, il n'ignore pas que les Philofophes
& les Savans en géneral, *font état de trouver bien*
plus facilement pourquoi une chofe foit fauffe, que
non pas qu'elle foit vraie, & ce qui n'eft pas, que
ce qui eft, & ce qu'ils ne croient pas, que ce qu'ils
croient. Effais de Montagne.

M. *de Bory*, ce Commiffaire, Chef d'Efca-
dre, eft eftimé & confidéré par tous les Membres de l'Académie des Sciences. Je l'ai vu une
ou deux fois paroître au traitement & difparoître. Cependant il a figné.

M. *Lavoifier*, ce Phyficien ingénieux, &

Chimiste très-instruit, occupé sans cesse d'expériences utiles & curieuses, s'est avisé de décomposer nos élémens : s'il continue ses recherches, nous n'en aurons bientôt plus.

La Chimie, en nous établissant un corps principe, le définit *un corps simple, qui n'est composé d'aucune différente matiere extrêmement homogene, immuable, absolument inaltérable & indivisible.* Voilà l'élément des élémens, dont l'existence est reconnue par les Chimistes, sans pouvoir en déterminer la figure ni la grandeur. Pourquoi donc M. *Lavoisier* s'est-il prêté à juger la non-existence de ce principe ? il a cru sans doute que cette complaisance étoit indifférente au bien public ! Au reste ce même Public dont je fais partie, l'exhorte à continuer ses essais sur l'air animalisé. Il a entendu lire un Mémoire sur l'apperçu, & un calcul probable de la quantité & de la qualité de trois especes d'air qui se propagent dans les spectacles nombreux. Ce projet a été très-goûté, & ne peut que faciliter les moyens de diminuer ou d'absorber les mofetes atmosphériques (1) : c'est ainsi que l'Auteur a nommé les gaz méphitiques de toutes les excrétions animales. Il n'est point de petites expé-

____

(1) Nom consacré par les Naturalistes aux exhalaisons inflammables dans les mines.

riences qui ne puiſſent devenir très-utiles ;
conduites par un Académicien dont la ſagacité & les talens ſont connus ; & principalement
quand elles ont pour objet la ſanté & la vie
des hommes.

« Et vous, MM. *Majault*, *Sallin*, *Darcet*,
» *Guillotin*, que puis-je vous dire ? Autant il
» m'eſt doux de rendre juſtice à votre mérite
» médical & perſonnel, autant il eſt de mon
» devoir de rendre juſtice à la vérité ; ſi l'ima-
» gination a pu vous en écarter, on ne doit
» l'attribuer qu'à votre préoccupation, & à la
» précipitation avec laquelle vous avez examiné
» le *Magnétiſme animal* : précipitation excitée
» par des Membres de la Faculté, qui vouloient
» faire porter un jugement avant le Rapport ;
» mais, Confreres eſtimables & ſavans, ne
» pouviez-vous leur remontrer que vous êtes
» Citoyens avant d'être Médecins ? qu'avec ces
» deux qualités eſſentiellement ſympathiques,
» vous avez été nommés Commiſſaires par le
» Roi ? que, devenus hommes de l'Etat, vous
» ne deviez acception à aucun Corps, ni aux
» perſonnes, mais un Rapport ſûr & invaria-
» ble à vos Concitoyens & à toute la Nation ?
» qu'il ne falloit épargner ni peines ni ſoins,
» & ne point vous laſſer d'obſervations, & en
» public & en particulier, pour ne rien laiſſer

I iij

» à defirer fur une matiere importante, ou du
» moins pour vous mettre à l'abri de tous repro-
» ches? que d'ailleurs vous aviez lieu d'être
» furpris d'une inquiétude auffi marquée,
» & que votre délicateffe bleffée s'en venge-
» roit par le courage & la patience néceffaires
» pour l'intérêt général & celui de la Faculté?

» Eh! quelle gloire pour des Philofophes,
» Phyficiens & Médecins! Elle étoit digne de
» vous, fi vous euffiez confulté les fentimens
» de votre cœur. Vous euffiez imité ces hommes
» généreux de l'Antiquité. Ils oublioient tout
» efprit de parti, toute diffenfion particuliere,
» & fe réuniffoient dans les affaires publiques.

» Des obfervations réunies de tous les Com-
» miffaires, auroient été plus difcutées & plus
» réfléchies, & auroient du moins éloigné toute
» idée de partialité ».

RÉFLEXIONS SOMMAIRES

Sur le second Rapport des Commissaires nommés par le Roi.

L E second Rapport est une discussion méthodique & médicale : il est signé de MM. *Poissonnier, Caille, Mauduit & Andry.*

Ces Commissaires se sont au moins montrés ; on les a vus pendant trois mois au traitement du soir, le Mardi & le Vendredi , où se rendoient quelquefois MM. *le Roi & Lavoisier.* Ils avoient même semblé faire un choix de quelques Malades, pour en suivre le traitement chez M. *Deslon :* je ne sais ce qui les a détournés de ce moyen d'observations.

Je me contenterai, dans l'examen de la premiere partie de ce Rapport, de rétorquer des propositions un peu hasardées :

1°. Si le Magnétisme animal est un fluide universellement répandu ; si plusieurs Médecins & Philosophes l'ont reconnu comme l'agent qui donne la vie & le mouvement, l'existence de ce fluide animal eſt donc un ſyſtême , & non une hypotheſe.

2°. Si ce fluide eſt le mobile de l'imagination , ſes effets plus ou moins grands ne peuvent jamais être trompeurs , ni pour le Phyſicien , ni pour le Médecin. Si , expoſés à ſon action , ils éprouvent quelques ſenſations , ils doivent ſe garantir des preſtiges , & *ſur-tout d'une volonté réfléchie de rapporter à une cauſe ce qui dépend d'une autre.*

3°. Mais *il n'y a que les ſujets* , ſuivant M. *Deſlon* , *qui ſont dans un état de maladie , ou qui en portent en eux le germe , qui éprouvent des ſenſations internes.* Il s'eſt convaincu lui - même , & nous l'avons éprouvé , que les ſujets plus ſenſibles que le commun des hommes par leur conſtitution particuliere , & en état de maladie , ſont ceux qui ordinairement éprouvent le moins de criſes ; & que les *ſenſations internes* , produites par une cauſe hétérogene , ſont les ſeules qui exigent l'attention du Médecin.

4°. On pourroit aſſurer , d'après cela , que des expériences iſolées , & des opérateurs peu exercés , ne peuvent donner que des réſultats incertains.

Je ne m'arrêterai point ſur l'examen ni le détail des convulſions , ni ſur la deſcription du lieu où l'on magnétiſe , & de la méthode qu'on emploie. MM. les Commiſſaires n'ont examiné

que des convulsions, & en tirent les mêmes
conséquences que ceux du premier Rapport.
Comment peuvent-ils juger *si cet art peut être
utile, & si on doit en faire usage en Médecine ?*

Il est important néanmoins de faire quelques
réflexions sur les causes essentielles & détermi-
nantes des convulsions telles qu'elles sont pré-
sentées dans ce Rapport. Ces termes de sensibi-
lité & d'irritabilité provoquée, dit-on, par cette
pratique, peuvent faire trembler les Lecteurs.
Tous les Auteurs modernes qui ont traité cette
matiere, font des distinctions des parties sensibles du corps humain & de celles qui sont
irritables, & en même temps, de celles qui sont
sensibles & irritables ; les intestins, par exemple. C'est alors que les frottemens multipliés,
sur-tout de droite à gauche, & même par-dessus
les plexus, où s'unissent un grand nombre de
nerfs, provoqueront à aller à la garde - robe ;
& c'est un moyen excellent pour les gens naturellement constipés, à qui je donne le con-
seil d'en faire usage, sans craindre de mouvemens convulsifs. Il est bon d'avertir le Public,
puisque j'en ai l'occasion, qu'il se fait, dans
l'économie animale, des irritations naturellement sensibles ; elles contribuent à l'entretien
des fonctions de la vie, & sont bien éloignées
d'être ni convulsives ni douloureuses.

Gliffon, *Baglivi*, *Bellini*, *&c.*, & fur-tout *Zimmerman* & *Haller*, ont fait beaucoup d'expériences fur la fenfibilité & l'irritabilité. De ces deux derniers, le premier affure que le cerveau n'eft pas fenfible, & que les arteres font très-irritables; le fecond au contraire donne beaucoup de fenfibilité au cerveau, & refufe l'irritabilité aux arteres. Il y a même eu des expériences renouvelées par quelques Docteurs de la Faculté de Médecine, confirmatives & contradictoires : quelque curieufes qu'elles foient, felon moi, on ne peut trop être circonfpect à admettre les conféquences qui femblent en réfulter par rapport à l'économie animale.

Il faut cependant bien admettre fenfibilité & irritabilité, pour fe rendre compte de certains phénomenes : ces deux affection attachées à l'humanité, ont en effet un rapport certain, mais elles peuvent agir l'une fans l'autre. Ne voyons-nous pas quelquefois des êtres fenfibles n'être jamais irritables? Et nous ne voyons que trop fouvent des êtres irritables n'être jamais fenfibles.

Les caufes acceffoires & prédifpofantes, quoique vraifemblables, ne peuvent être attribuées qu'à un nombre très-limité des Malades dans la falle où MM. les Commiffaires venoient feulement deux fois par femaine. Celles qu'ils font dépendre du lieu où l'on magnétife, font un peu outrées ; la chaleur s'y faifoit fentir en raifon du plus ou moins de gens affemblés ; & ces Meffieurs ont fenti, avec tout le monde, celle de l'atmofphere du mois de Juillet & d'Août, les fenêtres ouvertes d'un côté, & conféquemment l'air renouvelé fans ceffe.

Ce tableau n'eft vraiment férieux que pour l'Obfervateur. Le recueillement des Malades confifte dans la lecture pour quelques-uns ; les autres converfent avec leur voifin, & quelquefois d'un bout à l'autre de la falle, ou avec celui qui les magnétife. Si cet appareil a infpiré de la gêne & de la contrainte, ce n'eft pas aux perfonnes affifes autour du baquet, mais bien à quelques Commiffaires qui ont bien fu s'en délivrer par la fuite. J'ai cependant vu ceux-ci plus conftans, caufer avec des Malades qui leur rendoient volontiers compte de leur état, & fatisfaifoient avec plaifir à leurs queftions. En un mot, ce baquet eft un peu férieux, mais fans trifteffe ; & tout s'y paffe avec plus d'agrément & moins d'ennui que dans les grands repas de mariage, & même dans les grandes fociétés, je ne dis pas du *loto*, mais dans celles où l'on cherche à s'amufer, fouvent fans y réuffir.

Ainfi les conclufions de cette premiere Partie, tirées des fenfations internes & externes, font *équivoques & infuffifantes* même à l'imagination.

Seconde Partie du Rapport.

Nous voici à la queftion la plus intéreffante ; il s'agit de juger de l'utilité des procédés de cette méthode , & fi elle eft admiffible en Médecine. On veut des preuves *tirées du raifonnement* , *& de celles que fournissent les faits.*

On veut abfolument raifonner fur une matiere inconnue , avant des preuves de faits. Hé bien , raifonnons un peu.

La premiere propofition extraite du difcours prononcé chez M. *Deflon* , *eft beaucoup trop étendue ; de l'aveu des Médecins de tous les temps ,* « *Il n'eft* » *qu'une feule caufe des maladies ; c'eft une matiere* » *hétérogene ,* &c. » Ne voit-on pas, dans la même faifon , dans un même lieu , des maux de gorge & catharres en général , des fluxions de poitrine quelquefois inflammatoires , & le plus fouvent humorales , & dégénérant en fievres putrides , des coliques de toute efpece , ou des flux diffentériques ; & des fievres exanthématiques , rhumatifmales , &c. ; maladies différentes , produites par la même matiere hétérogene , dont les fieges ne font variés que felon la difpofition ou l'état actuel des organes , & felon la façon de vivre au moral & au phyfique de chaque fujet expofé à la même température ? MM. les Commiffaires ont pu obferver , & feront à portée d'obferver cette nuance , qui , moins commune & moins fenfible , il eft vrai , fe trouve cependant dans toutes les épidémies les plus contagieufes.

Quand la pléthore ou l'épuifement auroient lieu fans matiere hétérogene , il ne s'enfuivroit pas que la nouvelle méthode ne pût être mife en ufage. On n'a pas ignoré que chez M. *Deflon* on faignoit, on émétifoit & on clyftérifoit, même avant d'opérer , quand on le jugeoit néceffaire. On a même fait la ponction une ou deux fois , &c.

Dans une pléthore , les vaiffeaux relâchés par les remedes généraux , il refte toujours la partie la plus épaiffe de l'humeur furabondante qui n'a pas circulé, devenue matiere hétérogene, qu'il faut expulfer ; enfuite remédier à l'atonie qui fuccede à la tenfion & à l'éréthifme. Le fluide animal tonique & calmant aidera la Nature à détruire les engorgemens. Comme tel, ne feroit-il pas encore plus utile contre l'épuifement , &c. ?

Ainfi , quoique cette propofition puiffe être reftreinte , le Magnétifme animal peut avoir fon degré d'utilité.

Seconde Proposition. *La Nature n'a qu'une feule voie de guérir toutes les maladies , d'opérer la coction & l'évacuation de l'humeur par les crifes.*

La vraie coction , dont les Commiffaires donnent l'idée la plus jufte, fe fait dans les maladies chroniques comme dans les aiguës ; mais, dans celles-là , la Nature a un befoin abfolu d'être fecourue, même par les Médecins , pour provoquer une coction , & par des remedes capables de feconder fes efforts & fon action , pour divifer la matiere étrangere , la féparer , & la difpofer à l'expulfion.

Les crifes font en effet un *vrai combat de la Nature contre la caufe de la maladie , & de réaction de cette caufe contre la Nature.* Il eft cependant des crifes qui finiffent le combat victorieufement, fans coction décidée , ni même fenfible , comme dans les maladies très-aiguës, où l'atténuation & la diffipation de la matiere fe fait au bout de trois à quatre jours, finon le Malade fuccombe ; ou ces maladies quelquefois font prolongées ; alors la réfolution étant imparfaite , on doit favorifer la coction , ou laiffer agir la Nature , fi elle a des forces fuffifantes pour la préparer à l'évacuation. Cette coction s'annonce par *des ofcillations plus fortes & plus fréquentes , & par l'accroiffement de la fievre ;* action évidemment néceffaire à la coction dans les crifes les plus heureufes. Auffi voyons - nous dans des maladies aiguës qui fe terminent naturellement, que le travail & l'action fur l'hu-

meur étrangere, fe fait dans l'accroiffement,
fecond degré de la maladie; que la féparation
de la maffe des fluides, fe fait dans l'état, troifieme degré; & que la difpofition à être pouffée
au dehors en annonce la prochaine expulfion;
ce qui forme la crife & la fin de la maladie.

Nous avons obfervé même certaines maladies
chroniques dans lefquelles la réfolution d'engorgemens intérieurs ou extérieurs, fur-tout dans
les glandes, fe terminoit par des déjections ou
par haut ou par bas de matieres qui n'avoient
ni la couleur, ni l'odeur, ni même la confiftance
de la vraie coction. C'étoit une eau trouble &
vifqueufe, telle qu'on la remarque dans quelques perfonnes magnétifées, (vifqueux, gluant,
ou glaireux, font prefque les mêmes; ils ne
different quelquefois que par la couleur), ou
c'étoit une lymphe glaireufe, comme dans
l'exemple de la D. G*** du premier Rapport,
dont la fortie foulageoit les Malades, & quelquefois les guériffoit entierement.

TROISIEME PROPOSITION. « *Le Magnétifme ani-*
» *mal, en reftituant le ton des folides, & réveillant*
» *leurs ofcillations, en calmant l'éréthifme, & en*
» *rappelant le mouvement, c'eft-à-dire, en aiaant*
» *& en accélérant le travail de la Nature, peut*
» *opérer, par des crifes, la coction & l'évacuation de*

» *la matiere morbifique* ». Ces vertus calmantes & toniques paroiffent contradictoires ; & cela vient toujours de l'incertitude de l'action des médicamens.

De tous les Médecins qui ont voulu expliquer l'action des calmans en général, felon leur fyftême, il faut diftinguer un Auteur moderne. M. *Tiffot* prétend que *ce n'eft ni en divifant, ni en épaiffiffant les humeurs, ni en exaltant ou abforbant les parties fulfureufes, ni en liant le fluide nerveux que l'opium fait dormir, mais en diminuant l'irritabilité de toutes les parties, à l'exception de celle du cœur.* Cette explication a paru vide de fens. Veut-on un explication plus phyfiologique, on n'a qu'à confulter la matiere médicale dictée au Jardin du Roi, par M. *Bernard de Juffieu* : cet Auteur, qui en vaut bien d'autres, prouve que l'action des narcotiques eft une efpece d'ivreffe.

Il eft de fait que, moins les fucs parégoriques font réfineux, & plus leur vertu fédative eft douce, & moins elle fufpend les excrétions (1). Cependant le camphre eft une réfine

_____

(1) Cette affertion vient d'être confirmée dans un Mémoire de MM. *de Laffonne fils* & *Cornette*, qui viennent d'abréger les procédés indiqués par M. *Baumé*, pour purger entierement de fa réfine l'extrait d'opium.

très-pure,

(145)

très-pure, très-inflammable, & d'une très-grande volatilité ; elle agite à peine fans enivrer, & eft un excellent calmant diaphorétique & alexitere (1). Elle calme en effet les douleurs, dompte les convulfions, provoque le fommeil, porte à la peau, & réfifte à la malignité.

Pourquoi trouver étonnant que le Magnétifme ait auffi ces vertus toniques & calmantes ? N'a-t-on pas remarqué dans certaines crifes, puifqu'il faut en parler, une efpece d'ivreffe, enfuite l'affoupiffement, &c. & quelquefois des fueurs, &c. & des convulfions, felon la dif-pofition des fujets ; & même aujourd'hui cette méthode rend fomnambules ceux qui y font difpofés, fans qu'on puiffe en expliquer la caufe.

Toutes les crifes pouvant être procurées ou continuées, ou fufpendues avec les mêmes pré-cautions qu'on emploie les calmans, les Méde-cins peuvent en tirer quelque utilité, & l'ad-mettre en Médecine comme un moyen de plus. Mais, encore une fois, ce ne font pas les con-vulfions qu'il eft plus intéreffant à traiter ; c'eft

____

(1) Les Anciens attribuoient au camphre une vertu ra-fraîchiffante, ou plutôt anéantiffante ; d'où cet adage :

Camphora per nares caftrat odore mares.

Je puis affurer le Public par expérience, qu'elle ne fait point du tout cet effet humiliant.

K

bien ici le cas de dire qu'on ne doit en ufer que dans les cas abfolument indifpenfables , comme des narcotiques. Les calmans agiroient en effet comme des poifons, fi les gens inftruits n'en favoient mefurer la dofe convenable , & les adminiftrer à propos. Quels avantages n'en fait pas tirer le Praticien éclairé, dans les maladies inflammatoires & les douleurs violentes & deftructives ?

Je ne fuivrai pas plus long‑temps ce Rapport ; il prouve que quand il n'y auroit que les Malades cachectiques qui en euffent été véritablement guéris, ce feroit une raifon fuffifante aux Médecins pour s'en occuper. Auffi des miniftres de fanté, n'ayant pas l'idée vraie du Magnétifme, porteront‑ils un jugement incertain, quand ils réduiront cette pratique à l'art de faire tomber en convulfion : auffi faudroit‑il plus de quatre mois, & voir tous les jours fes Malades avec affiduité, pour juger de tous les bons & mauvais effets: opérer par foi‑même , parce qu'il faut de l'habitude & de l'expérience pour donner de la confiance à fes jugemens : auffi faut‑il rendre juftice aux Commiffaires de la Société Royale de Médecine. Ils ont paru furpris du jugement précipité de leurs Confreres, & il eft vraifemblable qu'ils n'avoient pas encore le deffein de donner leur Rapport pour le moment ; ou ils ont craint des reproches de s'être laissés prévenir par l'imagination active des premiers Commissaires ; ou peut-être , pressés par quelques Membres imbus d'opinions tran‑ chantes , ils se seront déterminés à ne pas dif‑ férer davantage. Aussi ont ils prononcé moins militairement & plus légalement ; plusieurs Lecteurs avoient regardé ce Rapport comme un pyrrhonisme raisonné jusqu'aux conclusions.

« Au reste, Messieurs, la diversité d'opinions » & les discussions même les plus opposées ne » doivent pas produire entre des Savans hon‑ » nêtes & occupés sans cesse du bien général, » ni division , ni inimitié particuliere. Je ne » suis dans le cas d'inspirer ni jalousie ni riva‑ » lité. Vous êtes d'ailleurs au‑dessus de ces » passions qui dégradent l'humanité ; mais j'ai » l'amour-propre d'exiger la réciprocité de tous » mes Confreres , que j'estime & que j'honore » autant qu'il est possible.

» Croyez‑moi, Messieurs, n'écrivons plus » contre le Magnétisme. Vous n'avez pas l'inten‑ » tion de donner des marques d'imprudence , » d'ignorance & d'abus pour des preuves con‑ » cluantes (1) ; mais les dangers outrés par

____

(1) Je ne puis me dispenser de vous marquer ma sur‑ prise sur la publication d'un extrait de la correspondance

» des Médecins , *verbis & scriptis* , ferviroient
» plutôt à donner encore plus de vogue à cette

---

de la Société : M. Thouret a rappellé toutes fes forces , pour nous fournir des preuves , fans en fentir les confé-quences. Ne peut-on pas dire de cette oppofition de M. *Bau-dot* , un des Correfpondans de la Société à Bourg-en-Breffe , *qu'il n'y a pas de fecte fans partifans ni martyrs* , la même chofe de la pratique trop active en Médecine ? combien de partifans & de Médecins même ont-ils été les martyrs de leur fecte ? On en donneroit beaucoup de preuves. —— Si on a l'imprudence de livrer à des fpafmes une femme en-ceinte , doit-on être furpris fi elle fait une fauffe-couche , ou fi elle met au monde un enfant mort ? —— Si on laiffe fermer un cautere à un homme replet & cacochyme , fans les précautions ordinaires ; c'eft à l'ignorance des Magné-tifeurs , qui ne font pas Médecins , felon toute apparence , qu'on doit attribuer la mort du Malade. L'apoplexie ne de-voit-elle pas être jugée par les gens de l'Art ? —— Les exem-ples *de fept morts du Magnétifme au Cap* , font un peu fuf-pects , par l'inexpérience de M. *Arthaud* , qui paroît n'avoir pas voulu s'inftruire , & de ceux qui magnétifoient. Un re-mede doit être adminiftré , dans un pays chaud fur - tout , avec tout le ménagement poffible , & avec les égards dûs au climat & à la faifon , à l'âge & au tempérament. —— Les hiftoires de Nantes & de Dijon , envoyées par des Correfpondans irrités contre cette méthode , avant de la connoître , donneront toujours lieu de foupçonner une pré-vention décidée & un entêtement radical. —— Les profcrip-tions de toutes les *Univerfités* , des *Facultés* , des *Colleges* de tous les pays , ne feront aucune impreffion. Ne voyons-nous pas tous les jours ces Corps s'oppofer d'abord ou dé-clamer contre les nouveaux établiffemens ?

» méthode qui n'a rien de défagréable; on fau-
» roit la rendre très-curieufe , quand elle ne
» feroit pas curative.

» Vous favez d'ailleurs que quelques Méde-
» cins, ardens à chercher à s'inftruire des moyens
» de curation plus étendus dans la pratique, ne
» font pas des enthoufiaftes ni dés imbécilles.
» Il eft un des Commiffaires qui n'eft pas de
» votre avis. Je fuis flaté d'en trouver un fur
» neuf, qui ait fait à peu-près les mêmes réfle-
» xions que moi. Il a dû alors publier fes idées,
» matiere d'un troifieme Rapport ».

EXTRAIT

Du troisieme Rapport par M. DE JUSSIEU, Commissaire nommé par le Roi.

M. DE JUSSIEU doit compte au Public de ses motifs, pour n'avoir point signé le second Rapport. « *La commission dont nous étions chargés,* » dit-il, *exigeoit de nous, non pas un simple* » *jugement, fondé sur quelques faits isolés, mais* » *un exposé méthodique de faits nombreux & variés,* » *propres à éclaircir la question, à éclairer le Gou-* » *vernement & le Public, & à déterminer l'opinion* » *de l'un & de l'autre* ».

Il ne s'est point occupé d'une théorie trop sublime : il a pensé que l'objet des Commissaires *devoit être de vérifier les faits, d'en reconnoître la cause immédiate, & d'en déterminer l'utilité médicale.* Sans rechercher les preuves physiques de l'existence du Magnétisme, ni ses effets incertains, *par contact immédiat* ou frottement, *il s'est mis en garde contre l'imagination des personnes soumises aux expériences,* & même contre la sienne, & ne s'est point attaché à des épreuves sur des *gens sains* ou *malades,* en très-petit nombre, dont les fenfations, ou n'en font point affectées, ou le font plus ou moins. Les épreuves *ne décide-roient pas la queftion.* Auffi n'eft-ce qu'après avoir établi le lieu de fes premieres obfervations dans des falles où font réunis beaucoup de Malades, *pour connoître fucceffivement tous les procédés, & faifir les nuances paffageres & les con-trariétes des fenfations, & leurs réfultats, & en noter méthodiquement tous les phénomenes,* & cela pendant un temps fuffifant, *qu'il admet les ex-périences ifolées & répétées plufieurs fois. Il a voulu beaucoup voir; il a opéré par lui-même;* il eft venu tous les jours au traitement, & y a paffé un temps confidérable. Les obfervations de fes Confreres lui ayant femblé éphémeres & fi in-fuffifantes, il a pris le parti de donner fon avis particulier. N'étoit-ce pas le feul vrai & le plus fage ? Cette façon de voir n'étoit-elle pas la meilleure, la plus méthodique, & la moins fufceptible d'illufion ?

M. *de Juffieu* a diftingué les faits qu'il expofe en quatre ordres. 1°. *Les faits généraux·& pofitifs dont on ne peut rigoureufement déterminer la vraie caufe;* 2°. *les faits négatifs qui conflatent feulement la non-action du fluide contefté;* 3°. *les faits, foit pofitifs, foit négatifs, attribués à la feule imagina-tion;* 4°. *les faits pofitifs* qui paroiffent exiger un autre agent.

K iv

Ces faits font énoncés avec impartialité ; mais, quoique peu nombreux & peu variés, ils suffisent *pour faire admettre la possibilité ou l'existence d'un fluide ou d'un agent qui se porte de l'homme à son semblable, & exerce quelquefois sur ce dernier une action sensible.* L'Auteur n'en fait aucun doute.

Il s'enfuit de la réunion de ces faits, que l'influence des caufes internes & morales, externes & phyfiques, auxquelles eft foumis naturellement le corps humain, lui eft communiquée par les procédés de cette nouvelle méthode. Elle porte la chaleur dans les parties animales ; le fluide qui s'y infinue eft-il le principe de la chaleur ? *Quelle eft fon action fur le corps humain ? comment le pénetre-t-il ?* quels font fes rapports avec les caufes, foit intérieures, foit extérieures ?

Les conféquences fimples & les réflexions développées dans ce Rapport, conformes aux principes de la faine Phyfique, méritent l'attention des Savans & des Philofophes. Il faut lire cet Ouvrage ; où, de deux principes qu'il admet, il expofe avec clarté celui du mouvement, la comparaifon de l'action du fluide électrique dans les êtres animés avec d'autres êtres organifés & vivans, qui font les végétaux, & de la différence des caufes phyfiques qui agiffent

fur les uns & les autres. *Ce principe néceſſaire-*
ment exiſtant eſt, dans les corps organiſés , le prin-
cipe vital ; dans les corps animés , le principe de la
chaleur animale ; & dans la nature , le principe du
mouvement. Sous cette forme , il paſſe d'un corps
animé dans un autre corps ſemblable , & , par ce
tranſport , il produit divers changemens relatifs à l'état
du corps qu'il quitte & de celui qu'il pénetre. Ce principe de la chaleur eſt donc cet agent *qui établit*
l'influence phyſique de l'homme ſur l'homme , & eſt le
feul à conſidérer ici *fous le point de vue d'utilité*
médicale.

La partie la plus eſſentielle à examiner pour
le Médecin , eſt traitée avec ſagacité & beaucoup de prudence. On y voit des exemples
curatifs ; *de rétabliſſement des forces , de l'appétit*
& du ſommeil dans des ſujets avec une action
fenſible ou très légere , ou plus marquée ſur quelques hyppochondriaques ou hyſtériques , des ré-
tabliſſemens de tranſpiration & de ſueur , &
des guérifons de fievres quartes. On y rapporte
avec le même ſcrupule les maladies où le Magnétiſme peut être nuiſible , celles qu'il a ſemblé foulager ſans un avantage réel ; il détaille
enfin toutes les cauſes acceſſoires réunies , qui
peuvent contribuer à fon utilité.

Je renvoie en un mot le Public au Rapport
même : les faits y ſont préſentés avec la plus

grande exactitude , & d'une maniere très-intel-
ligible : ſes concluſions ſages ont tout prévu.
Retranchons avec ſoin , dit-il , *toutes ces expériences
de pure curioſité, la magie du Magnétiſme.* La Médecine , cet art deſtiné à ſoulager les humains,
doit les rejeter. *On doit ſur-tout éloigner d'un
traitement pareil tout ce qui a l'apparence du myſ-
tere.* Les ſecrets & les ſciences cachées ne ſont,
le plus ſouvent , que le maſque de l'erreur &
de l'impoſture.

PRÉCIS d'une Brochure de M. Elie de la
Poterie , *Docteur-Régent de la Faculté
de Médecine de Paris , & Membre de la
Société Royale de Médecine , Ancien
Inſpecteur des Hôpitaux Militaires , &
Médecin de la Marine à Breſt.*

Il ne ſera pas hors de propos de joindre ici
le Précis d'une Brochure de M. *Elie de la Poterie*,
imprimée à Breſt , intitulée , *Examen de la doctrine d'Hippocrate ſur la nature des êtres animés ,
ſur le principe du mouvement & de la vie , & ſur
les périodes de la vie humaine.* Il y a ſans doute
de l'amour-propre de ma part, de raſſembler
toutes ces idées , qui ont une analogie &
une affinité ſi parfaites avec les miennes ; &

cela, fans nous être jamais rien communiqué les uns aux autres fur cet objet.

La fcience de l'homme envifagée par Hippocrate dans fon exiftence entiere, & généralement admife alors, n'a été obfervée, felon l'Auteur, dans la plupart des Ouvrages, que *fous quelques rapports.* Nous defirerions bien, avec lui, qu'on effayât de rappeler la pratique aux vérités de l'obfervation : à ce fiecle où, par fa doctrine, Hippocrate avoit dégagé la Médecine pratique de tous les fyftêmes ; &, à cette époque, où *l'art de guérir n'étant fondé que fur l'expérience, il réuniffoit une théorie affez exacte pour le guider, & dès-lors avoit acquis le plus grand degré de certitude auquel cet Art puiffe s'élever.*

Quelle eft donc cette théorie fi abftraite, répandue fi fouvent dans les écrits d'Hippocrate ? Comment expliquer ces deux propofitions, l'une, *que tout concourt, tout confent, tout confpire* dans l'économie animale ; l'autre, *qu'il y a une feule faculté, & qu'il y en a plus d'une ?* Ce premier Légiflateur de la Médecine n'a-t-il donc été qu'un Oracle ?

Combien cette doctrine eft profonde & fimple en même temps ! En rapprochant dans un même tableau toutes les recherches & tous les travaux dont la Phyfique s'eft enrichie pendant vingt fiecles, en interrogeant tous les

Auteurs qui ont traité de l'Anatomie raifonnée , chaque découverte devient un trait de
lumiere qui diffipe peu à peu les nuages dont
elle eft enveloppée. Les Médecins , ajoute
l'Auteur , ont donc acquis dans ce fiecle-ci *les
notions les plus précifes fur la correfpondance la plus
intime entre le moral & le phyfique* de l'homme ,
felon la grande maxime que tout concourt, &c.

La feconde propofition a été interprétée d'une
maniere fi obfcure par les Chimiftes, qu'il n'étoit
pas facile d'en tirer quelque notion.

Tant de fyftêmes en Phyfique , & l'efprit de
conjeĉture en Médecine pratique , & tant de
révolutions auxquelles cette fcience eft expofée,
ont éloigné les Philofophes & les Médecins de
foumettre à aucune expérience le principe du
mouvement & de la vie. Ainfi , eft-ce le cerveau qui tranfmet le mouvement au cœur ? Les
penfées & les affeĉtions de l'ame font-elles les
refforts de la vie , &c. , felon les feĉtateurs
d'Hippocrate ? (Cette doĉtrine eft celle de quelques Facultés de l'Europe , & fe trouve déve-
loppée dans la *Nofologie* de M. *Sauvage*). Eft-ce
le cœur qui en jouit le premier, & le tranfmet
aux autres parties , &c. , felon les feĉtateurs de
Boerrhaave ? Ou bien le cerveau & le cœur
reçoivent-ils le mouvement d'un agent généralement répandu , &c. , felon la doĉtrine du plus

grand nombre des Philofophes anciens & modernes, & des Médecins Chimiftes ?

Tous les fyftêmes réunis par la Médecine fur l'exiftence de l'homme & fur les méthodes curatives des maladies, ont divifé les Savans dans tous les fiecles, fans faire prévaloir l'un de ces fyftêmes fur l'autre. *L'Anatomie ne parle qu'aux fens, & la Phyfiologie à l'imagination.* Que ne devroit-on pas efpérer de la découverte du principe du mouvement & de la vie, démontrée ? Cette théorie n'eft-elle pas renfermée dans la définition des êtres animés, par Hippocrate ?

L'Auteur réduit cette théorie en cinq problêmes : 1°. *Exifte-t-il un fluide univerfel qui donne le mouvement à tout* (1) ? 2°. *Démontre-t-on l'action d'un fluide univerfel fur les êtres animés ? 3°. Ce fluide eft-il le principe du mouvement dans les êtres animés ? 4°. Exifte-t-il une action particuliere de ce fluide fur le cerveau ? 5°. Eft-il poffible de diriger ce fluide univerfel ? Quelles font les loix de cette méthode qui feroit le Magnétifme animal?*

---

(1) Dans l'expofition de ce problême, l'Auteur indique un Ouvrage de feu M. le Comte de Treffan, intitulé *le Fluide magnétique confidéré comme agent de la Nature,* & celui de M. Barthès, *de la Science de l'Homme.* Réclameroient-ils la découverte d'un fluide univerfel dans lequel tous les corps font plongés ? Non ; c'eft la doctrine de l'Ecole de *Sthaal,* que cette Ecole a puifée dans les Œuvres de *Lucrece, fur la Nature des chofes.*

Cette derniere queſtion *appartient à la pratique de la doctrine d'Hippocrate : Eſt-il démontré que le fluide univerſellement répandu eſt le principe du mouvement dans les êtres animés, qu'il exiſte au-delà de ces êtres ?* La définition ſi abſtraite du Pere de la Médecine ſe trouveroit expliquée de nos jours dans toutes ſes parties. Auſſi l'Auteur fait-il parler le Médecin de *Cos*, comme ce grand Homme eût fait dans ce ſiecle où il ſeroit convaincu de nos découvertes dont il avoit ſoupçonné une grande partie (1).

Avec quelle force & quelle vérité M. Elie parcourt les époques de la vie, en développe les dégradations de ſept en ſept ans, & les maladies naturelles, de chaque gradation, de ſes ſymptômes, & des changemens dans le tempérament ! Avec quelle énergie, quelle élégance il a ſu nuancer les périodes de la vie humaine !

Hippocrate, dans ſes Ouvrages, a embraſſé le ſyſtême de la Nature entiere : les Médecins ne doivent donc avoir d'autre but *que de s'élever juſqu'à la penſée de ce grand Homme.*

L'Auteur, en rendant hommage à un grand

---

(1) Entr'autres, la circulation. *Les veines,* dit *Hippocrate,* (nom donné par les Anciens à tous les vaiſſeaux indiſtinctement) *ſont répandues par tout le corps ; elles y portent le flux, l'eſprit & le mouvement, & ſont toutes les branches d'une ſeule.*

(159)

nombre de Médecins, remarque que les Anglois
font ceux qui ont jufqu’ici confervé cette doctrine au milieu des obftacles de l’empirifme &
de l’efprit de fyftême. C’eft à l’efprit d’obfervation qu’ils doivent la confidération dont ils
jouiffent dans leur patrie. *Cet efprit eft le titre qui
crée l’exiftence fociale du Médecin, & lui affigne le
rang qu’il doit obtenir parmi les hommes deftinés à
gouverner leurs femblables.* C’eft encore à la ftabi-
lité de leurs opinions qu’ils font redevables de
leur réputation chez toutes les Nations. Parmi
le nombre de Médecins François, il cite *Théo-
phile de Bordeu*, qui, dans fes Œuvres, a fait
reconnoître tous les avantages de l’expérience
fur l’efprit de fyftême.

*Lettre à M. de Juffieu, Docteur-Régent de
la Faculté de Médecine de Paris, de l’Académie des Sciences, & Profeffeur de Botanique au Jardin du Roi, de la Société
de Médecine.*

  « Vous avez trouvé fans doute, mon cher
» Confrere, le ftyle de M. *Elie de la Poterie*
» plein de nobleffe & d’énergie, & prefque
» académique. Pourquoi des Médecins qui écri-
» vent auffi purement & auffi élégamment le
» François que le Latin, ne pourroient-ils pas

» s'élever jufqu'à l'Académie Françoife ? (Un
» Docteur de la Faculté de Médecine de Paris
» a eu , dit - on , cette noble ambition). La
» Médecine embraffe toutes les connoiffances.
» *Medicina non eft una nec altera , fed omnium con-*
» *fortio doctrina confummatiffima.* D'ailleurs il feroit
» très-aifé de trouver chez les Médecins de Paris
» des Poëmes françois & latins , des Difcours &
» Eloges élégamment écrits , des Drames & Co-
» médies en vers & en profe , & quelques Pieces
» fugitives ; beaucoup d'efprit en un mot , mais
» dont quelques-uns ont abufé de nos jours par de
» mauvaifes fatyres & des parades très-indécen-
» tes : auffi ces Arétins modernes & ces minces
» Ariftophanes fe font fermé par-là les portes
» de toutes les Académies.

» *Il eft un point de vue moral pour confidérer les*
» *Sciences* ou les Savans. La raifon affigne un
» rang , non - feulement au degré d'utilité de
» chaque Science ; mais encore aux qualités de
» ceux qui les exercent , & principalement à la
» douceur & à la modeftie (1). Ces vertus font
» les plus beaux ornemens du génie , dont le
» temple devient alors le centre commun où
» doivent fe réunir toutes les Académies.

---

(1) M. *de Moncrif* dit , dans fa réponfe au Difcours de
réception de l'illuftre M. *de Buffon ,* que *l'Académie Françoife*
ayoit reconnu avec plaifir qu'il étoit deftiné à lui appartenir à
caufe de fa modeftie.

» Les

» Les qualités qui diftinguent les grands
» Hommes, nous retracent le caractere & les
» mœurs d'un des plus célebres Naturaliftes de
» l'Europe, M. *Bernard de Juffieu.* Avec quelle
» aménité il communiquoit fes fublimes con-
» noiffances ! Avec quelle méthode & quelle
» clarté il en développoit toute l'étendue ! Abu-
» foit - on de fon affabilité, lui feul ne s'en
» appercevoit pas. On eût pu fe laffer de lui
» faire des queftions, parce qu'il ne fe laffoit
» jamais d'y répondre. Cherchoit - on à le fé-
» duire par quelque fuperchèrie, en lui préfen-
» tant une plante mafquée de toutes pieces
» tirées de différens végétaux, il en détailloit,
» avec la plus grande patience & la plus grande
» complaifance, toutes les particules étrange-
» res ; mais il puniffoit le tentateur, en lui
» faifant rendre à chaque famille ce qu'il en
» avoit dérobé. Ainfi, la férénité fur fon
» vifage, la fimplicité dans fon maintien, an-
» nonçoient, dans tous les temps, la pureté &
» la candeur de fon ame bienfaifante, & lui
» acquirent la vénération de fes contemporains.

» On a été bien furpris de ce qu'il n'a ~~laiffé~~
» aucun Ouvrage, que fon immenfe érudition
» nous donnoit lieu d'efpérer. A peine fe fai-
» foit-il un mérite, d'après des obfervations de
» M. *Peiffonnel,* d'avoir rangé à perpétuité dans

L

» le regne des animaux le corail, que les Bo-
» tanistes jusques - là regardoient comme une
» plante marine très-curieuse. (*Mém. de l'Acad.*
» 1742.) *Tant sa modestie le mettoit au-dessous de*
» *ce qu'il paroissoit aux yeux de tous les Savans.* (1).

» Quant à vous, mon cher Confrere, le
» Public impartial doit reconnoître dans votre
» Rapport la sagacité du vrai Physicien &
» la sagesse du Médecin observateur. Il vous
» juge digne des places que vous occupez à
» l'Académie des Sciences & au Jardin du
» Roi. Héritier des vertus & des talens de
» vos aïeux, votre seule ambition est de sou-
» tenir leur réputation, & d'en assurer l'immor-
» talité.

» Les Rapports des Commissaires, le premier

____

(1) *Bernard* a eu deux freres, dont l'un *Antoine*, &
l'autre *Joseph*. Les talens de ce dernier ont été plus exercés dans les pays étrangers qu'en France : quels services
importans n'a-t-il pas rendus au Mexique, où il a été retenu
malgré lui ?

Antoine, Praticien très-renommé, a fait la Médecine à
Paris avec beaucoup de succès. Aussi avare du sang de ses
malades, que la plupart de ses Confreres alors en étoient
prodigues ; Professeur de Botanique au Jardin du Roi, &
un des plus grands Botanistes de l'Europe ; il avoit donné
un Mémoire en 1718, où il prouvoit que la langue n'étoit
pas l'organe principal de la parole, & depuis, plusieurs
Dissertations sur les végétaux & minéraux.

» sur - tout, ont été discutés & détaillés suffi-
» samment dans certains Journaux ; cela devoit
» être. Pourquoi le vôtre a-t-il été annoncé tout
» simplement, sans le moindre petit extrait ?
» une opinion particuliere & différente méri-
» toit, je pense, un détail particulier, & satis-
» faisoit à la curiosité générale. Au moins a-t-on
» prononcé quelques mots sur l'Ouvrage de
» M. *Elie de la Poterie. Le titre annonce de grandes*
» *vues.......* & le Rédacteur finit par dire que
» *cet Ouvrage est intéressant dans les circonstances*
» *actuelles, où les partisans du système nouveau*
» *s'étayent de l'autorité du Pere de la Médecine.* Je
» lui sais très-bon gré de cette phrase ; mais je
» suis fâché qu'il vous ait montré tant d'indif-
» férence,

» Il est bien plus étonnant encore qu'on
» n'en ait pas fait la plus petite mention dans
» les Affiches de Paris. Comment ce Journaliste
» qui s'est tant égayé avec toutes les brochures
» sur le *Magnétisme animal*, qui, toujours son
» *Moliere* à la main, a semblé *mystifier* la Faculté
» & les Médecins, en se déclarant leur cham-
» pion contre la Nature & son agent, n'en
» a pas fait la plus mince critique, pas
» la moindre plaisanterie ? J'en suis vraiment
» piqué. Votre Rapport eût été plus recher-
» ché ; on l'auroit lu avec quelque attention ;

» un petit mal, en un mot, eût produit quelque
» bien.

» Prenez garde, me direz-vous ; vous n'êtes
» pas Commiſſaire ; on ne vous reſpectera pas,
» on ne cherchera pas à vous ménager. Oh !
» cela eſt bien différent, mon cher Confrere.
» Quelle gloire auroit un Journaliſte à com-
» battre & à critiquer un petit partiſan tel
» que moi ? Que peut - on dire d'ailleurs ?
» Trouvera - t - on mon ſyſtême un peu épicu-
» rien ? mes principes phyſiques ne ſont pas
» tout - à - fait les mêmes (1) ; au reſte, j'en
» adopte les principes philoſophiques juſqu'à un
» certain point (2). Me traitera-t-on de corpuſ-
» culaire ? Sans doute je ſuis un petit corps,
» dont les muſcles ont autant de fibres que
» ceux d'un géant. Les petits animaux n'ont-ils
» pas plus de ſoupleſſe phyſique & plus d'agi-
» lité que les grands ? Ne pourrois-je pas ajouter

(1) Selon *Epicure* & ſes diſciples, la chaleur n'eſt point
un accident du feu ; cependant ils la regardoient en général
comme *un pouvoir eſſentiel ou une propriété du feu*, qui,
dans le fond, eſt la même choſe.

(2) *Epicure* faiſoit conſiſter le vrai bien dans la volupté ;
non pas comme ſes ennemis l'ont dit, & les miens, ſi j'en
ai, pourroient dire, dans ces plaiſirs infâmes, ni même dans
ceux que ſe permettent certains êtres d'autant plus dangereux, qu'ils ſont ſouvent trop aimables ; mais bien dans cette
volupté délicieuſe dont ne rougit point la vertu.

» plus de chaleur naturelle ? Si , selon les Phy-
» siciens, le renouvelement de la chaleur dans
» les animaux vivans de la même température,
» est égal à la perte qu'ils en font respectivement
» à leur diametre, il s'enfuit que la chaleur
» produite & plus souvent renouvelée dans un
» écureuil, agit avec beaucoup plus d'énergie
» que dans un éléphant. Si cela est bien exact,
» comme je le crois, les petits valent donc bien
» les grands.

» Attaquera-t-on mon style & ses bigarrures ?
» ces Messieurs sont en force de ce côté-là,
» j'en conviens. En vérité, sans avoir aucune
» prétention à bien écrire, je crois mériter
» quelque indulgence. Ma plume n'a-t-elle pas
» dû prendre les teintes variées des Ouvrages
» & de leurs Auteurs ? Au reste, les traits croisés
» par le crayon, forment les ombres d'un des-
» sein : s'il peut ressortir de ceux que j'ai tracés
» un jour suffisant sur ma façon de penser &
» sur ma conduite, j'aurai exécuté mon plan,
» & vis-à-vis le Public, & vis-à-vis les Méde-
» cins. Le reste ne me donne aucune inquié-
» tude.

Principibus placuisse viris , non ultima laus est.

» J'ai l'honneur d'être , &c.

F I N.

ERRATA.

Page 22, 5 Juillet, *lisez*, 15 Août.

P. 29, *note*, *lig.*1, magnétistes, *lisez* anti-magnétistes.

P. 58, *note*, *lig.* 1, M. le Duc, *lisez* M. le Marquis.

P. 71, *lig.* 13, notre : *ajoutez* pauvre & , &c.

P. 84, *lig.* 1, que ces plexus pouvoient; *lisez*, que ces plexus ne pouvoient.

P. 157, *note*, fluide magnétique, *lisez* électrique.